湖北省职业技术教育学会科学研究课题"职业教育课程融合视域下烹饪非遗文化传承传播实践研究"成果教材

中国电子劳动学会课题"'课程双创'——专业课融入创新创业的课程体系建设研究"成果教材

楚 · 美馔——
湖北名菜制作工艺

主　编　常福曾　王炎超　杨孝刘

副主编　杜兴旺　黄　巨　王卉卿

参　编　杨　清　张秀玲　况　野

　　　　盛　佳　蔡雅琼　徐　洲

　　　　张　翔　吕霄鹏　周　甜

　　　　李　纯　何　珊　雷　思

U0343107

华中科技大学出版社
http://press.hust.edu.cn
中国 · 武汉

图书在版编目(CIP)数据

楚·美馔:湖北名菜制作工艺/常福曾,王炎超,杨孝刘主编. —武汉:华中科技大学出版社,2023.12
(2024.1重印)
ISBN 978-7-5772-0260-0

Ⅰ.①楚… Ⅱ.①常… ②王… ③杨… Ⅲ.①中式菜肴-烹饪 Ⅳ.①TS972.117

中国国家版本馆 CIP 数据核字(2023)第 256026 号

楚·美馔——湖北名菜制作工艺　　　　　　　　　　常福曾　　王炎超　　杨孝刘　　主编
Chu Meizhuan——Hubei Mingcai Zhizuo Gongyi

策划编辑:傅　文　李娟娟
责任编辑:马红静
封面设计:刘卿苑
责任校对:刘　竣
责任监印:朱　玢
出版发行:华中科技大学出版社(中国·武汉)　　　电话:(027)81321913
　　　　　武汉市东湖新技术开发区华工科技园　　　邮编:430223
录　　排:华中科技大学惠友文印中心
印　　刷:武汉市洪林印务有限公司
开　　本:787mm×1092mm　1/16
印　　张:9
字　　数:225 千字
版　　次:2024 年 1 月第 1 版第 2 次印刷
定　　价:48.00 元

《楚·美馔——湖北名菜制作工艺》编委会

主　任

艾翠林　　　武汉市第一商业学校党委书记

孙桃香　　　湖北省烹饪酒店行业协会会长

副主任

卢永良　　　湖北经济学院教授

孙昌弼　　　湖北省非物质文化遗产传承人

盛文涛　　　京山盛昌乌龟原种场董事长

王巧云　　　湖北省烹饪酒店行业学会秘书长

王炎超　　　武汉市第一商业学校副校长

常福曾　　　武汉市第一商业学校餐饮旅游专业部主任

孔德明　　　随州市随厨餐饮有限公司董事长

曹贤朗　　　湖北省非物质文化遗产美食传承人

张　彬　　　湖北省非物质文化遗产美食传承人

武思平　　　湖北省非物质文化遗产美食传承人

郑彦章　　　鄂州市非物质文化遗产美食传承人

杨　清　　　黄冈职业技术学院商学院主任

编　委

杨孝刘　　况　野　　盛　佳　　蔡雅琼　　莫重侃

杜兴旺　　孙琳莉　　刘贤胜　　蔡　鼐　　罗　伟

鲁　磊　　郑全香　　吕霄鹏　　徐　洲　　张　翔

何　珊　　雷　思

目录

第一章　绪　论

学习目标

通过本章内容的学习，使学生对食物从原料到成菜的过程有所了解，掌握烹饪技巧，针对不同原料的特质选择恰当的烹饪方法，提高研究兴趣。

本章导读

本章主要介绍烹饪的本质、烹饪工艺学的性质及楚菜烹饪工艺的特点、烹饪工艺学的研究内容，为实践提供依据。

第一节　楚菜烹饪工艺基础

一、烹饪的本质

食品的营养成分主要包括蛋白质、碳水化合物、脂肪，以及维生素等等。通过加热改变它们的分子结构，生活中称之为"熟"，科学上称之为变性。变性之后的食物才容易下咽和消化。想达成食物的变性，最简单最有效的方法就是加热。煎炒烹炸涮，蒸煮炖烤烧，其实质都是加热。食物原料通过熟制加工，成为可被人类食用的菜肴，同时在色、香、味、形等方面满足人们的生理需要和心理需要，这种熟制加工的过程，称之为"烹饪"。

在食物熟化的过程中，首先要满足卫生与安全的需要，其次要有丰富的营养，最后能让人们在食用的过程中享受"美感"，实现形、色、味的统一。要实现食物的"美感"，需要对烹饪的整个过程合理安排、有序控制。人们通常称之为"烹调"。其中，调就是调节、调配的意思，在烹饪工艺学中指的是对烹饪工艺的设计、安排和实施。因此，烹饪工艺学是烹饪专业的重要专业基础课，是一门实用性很强的应用型技术学科。

二、烹饪工艺学的性质

烹饪工艺学是从人类的饮食需求出发，研究菜肴的烹饪技法，从而实现食品卫生、营养、美感三者统一的一门学科。它以烹调工艺流程为主线，以岗位能力与知识为主要研究对象，是研究菜肴加工原理、方法和工艺流程的一门学科。它有自身的一套完整的专业理论，对烹调实践具有极其重要的指导意义，同时它又是一门实践性很强的课程，担负着使烹饪工艺与营养专业学生专业技能形成的重要任务。

烹饪工艺学是食品加工科学的一个分支,是对烹饪工艺一般规律的概述。烹饪工艺学具有以下性质和地位。

1. 烹饪工艺学属于应用型技术学科

烹饪工艺,是人们利用加热工具、烹饪器皿、烹饪工具等对各种烹饪原料、半成品进行加工或处理的工艺的统称。工艺的成果是人们能直接食用的集卫生、营养、美感于一体的菜肴。烹饪技术是一种将食物原材料从自然状态转变为具有"美感"的成菜的实用技术。而烹饪工艺学则是这些工艺和技术的集成。在自然科学范畴内,烹饪工艺学属于工科。

2. 烹饪工艺学是一个以手工艺为主体的技艺系统

烹饪工艺学与食品工程学不同,它是一个以手工操作为主的、复杂的工艺体系,它具有复杂多样的特点,极具个性化的艺术表现力。

3. 烹饪工艺学是一门综合性学科

烹饪工艺学的发展既古老又年轻,它在形成自有的理论基础和学科体系的过程中,与其他学科又有着密切的联系。例如烹饪的原料来自农业或者食品加工业,原料品质的好坏,直接影响烹饪加工工艺和成菜质量。因此学习烹饪工艺学又需要以农学和食品科学为基础。

4. 烹饪工艺学是烹饪学科的核心和支柱

烹饪工艺学是烹饪学科中的主要学科,它与烹饪原料学和烹饪营养学共同构成烹饪学科的三大支柱。烹饪工艺学的学习讲究理论教学和实践训练并重。在理论学习上,它综合了烹饪卫生学、烹饪营养学、烹饪原料学、烹饪器械和设备等课程的知识。在实践学习上,它对传统名菜、中华名点和宴席设计等课程起实践指导意义。

三、楚菜烹饪工艺的特点

楚菜传统上是以"水产为本,鱼菜为主",讲究鲜、滑、柔、爽、嫩等风味,富有浓厚的鱼米之乡特点。楚菜自成体系,主要由荆南、襄郧、鄂州、汉沔四大风味流派组成。荆南风味擅长烧炖野味和小水产,常用鸡、鸭、鱼、肉、蛋、奶等原料合烹,喜用薄芡,口感清纯,注重原汁原味;襄郧风味以家禽为主要原料,辅以鱼鲜,精通红扒、熘、炒等烹饪工艺,菜肴入味透彻,汤汁少,软烂酥香;鄂州风味以烹饪蔬果见长,擅用烧、炸、煨、烩等技法,制作特点是用油宽、火功足、口味重,具有浓郁的乡土气息;汉沔风味则是以烧、烹大水产和煨汤著称,善于调制禽、畜和海鲜。

研究楚菜烹饪工艺,区别楚菜与其他菜系烹饪的特点十分有必要。楚菜烹饪的特点主要有以下几点。

1. 大米和淡水鱼鲜是人们日常饮食中重要的主副食原料

"鱼米之乡"是对荆楚地区饮食结构最准确的概括,大米是本地一日三餐不可缺少的主食原料,在一些乡村地区,早餐是大米粥,中晚餐是大米饭,大米占主食摄取量的70%～80%。大米产量大,食用又广,加工方法也很多,除了常见的大米粥、大米饭等主食外,还可制成米糕、米豆丝、米粉丝、米面窝、米泡糕,以及汤圆、年糕、糍粑、欢喜坨、粽子、凉糕、米酒等小吃品种,还可以用大米做菜,最常见的是做粉蒸菜,如粉蒸肉,肉有粉香,粉透肉味,风味独特,另外是将糯米与其他原料拌合,做出所谓的珍珠菜,如珍珠圆子、珍珠鲴鱼等等。由此可以证明大米在荆楚地区人们饮食生活中的重要地位。

荆楚民间素有"无鱼不成席"之说。鱼在荆楚人的餐桌上扮演了十分重要的角色。荆楚地区拥有淡水鱼类一百七十多种,常见经济淡水鱼类五十多种,产量位居全国前列。荆楚人爱吃鱼,逢年过节,席上少不了一道红烧鲢鱼,以图"年年有余";婚庆席上少不了一道油焖鲤鱼,以祈"多子多孙"。荆楚人会吃鱼,鱼的烹调方法不下三十种,红烧、油焖、汆、清蒸、焦熘、水煮等等;品种也很多样,包括鱼块、鱼片、鱼条、鱼饼、鱼圆、鱼面、鱼糕等等。鱼类菜肴达一千种以上。荆楚人还积累了许多吃鱼经验,什么季节吃什么鱼,到什么地方吃什么鱼,什么鱼吃什么部位最好,什么鱼用什么烹调方法最好,都很讲究。

2. 以蒸、煨、炸、烧为代表的烹调方法和以微辣咸鲜为基调的口味特征

蒸法是荆楚地区广泛使用的一种烹调方法,不仅鱼能蒸、肉能蒸,鸡、鸭、蔬菜也能蒸,尤其是在仙桃市(原沔阳县),素有"无菜不蒸"之说。荆楚地区蒸菜十分讲究,不同的原料、不同的风味要求不同的蒸法,如新鲜鱼讲究清蒸,取其原汁原味;肥鸡、肥肉讲究粉蒸,为了减肥增鲜;油厚味重的原料讲究酱蒸,以解腻增香。荆楚名菜清蒸武昌鱼、沔阳三蒸、梅菜扣肉是这三种蒸法的代表作。

煨法也是极富江汉平原地方特色的一种烹调方法。逢年过节家家户户少不了要做一道汤,汤清见底,味极鲜香。

此外,炸法和烧法的使用也十分普遍。民间谓腊月二十八准备春节食品叫"开炸",称做菜叫烧菜,可见炸法和烧法在楚地民间应用的广泛。

荆楚口味以微辣咸鲜为基本味,调味品品种单调,过去许多地方都是"好厨师一把盐",基本上不用其他调料。在一些乡村的筵席菜点中,所有的菜几乎都只一个味——微辣咸鲜。这种口味特征可能与楚人爱吃鱼有关,因为鱼本身很鲜,烹调鱼时,除了需加少许姜以去腥味外,调味品只需盐则足矣。

3. "无鱼不成席、无圆不成席、无汤不成席"集中反映了荆楚筵宴的风格

无鱼不成席是因为鱼的味道鲜美,价格便宜,营养丰富,更重要的是鱼富含寓意,多子、富裕、吉祥、喜庆等,所以"逢宴必有鱼,无鱼不成席"。

无圆不成席是说荆楚人特别喜欢吃圆子菜,如鱼圆、肉圆等。荆楚人不仅可用动物原料做圆子,而且还善于用植物原料做圆子菜,如藕圆子、萝卜圆子、绿豆圆子、糯米圆子、豆腐圆子、红薯圆子等。同鱼菜一样,圆子菜也是各种筵席中不可缺少的。在民间,肉圆子是筵席中的主菜,它的大小好坏往往是衡量该桌筵席档次的重要标准。在鄂东南一带还盛行一种"三圆席"——以肉圆、鱼圆、糯米圆为领衔菜组成的一种筵席,以连中"三元"(解元、会元、状元)寓祝福之意。故鄂东南民间举办婚嫁、喜庆筵席必用"三圆席",以示吉祥如意、事事圆满。

荆楚人爱喝汤,举凡筵宴都少不了一钵汤。汤的制法多样,有汆、煮、熬、煨、炖等法,汤的原料丰富,鱼、肉、蔬菜、水果、野味、山珍等等都是良好的原料。汤菜品种繁多,高级的有清炖甲鱼汤、长寿乌龟汤,中档的鲴鱼奶汤、瓦罐鸡汤、野鸭汤等,低档的有汆圆汤、三鲜汤、鲫鱼汤等。这种爱喝汤的饮食习惯可能与荆楚人偏爱咸鲜的口味和荆楚大地冬季寒冷,借汤驱寒,夏季炎热,借汤开胃以补充水分、盐分有关。

4. 吃鱼讲究多

荆楚地区筵宴不仅是"无鱼不成席",年节筵宴还讲究"年年有鱼",即鱼是看的,而不是吃的。鱼作为长江中游地区人们日常生活和宴请的一道必不可少的菜肴,其品种也繁多。每逢新春佳节,家家户户吃团圆饭的时候,都必然有一盘全鱼,取"年年有余"之意。或红烧,或清蒸,或熘炸,但是,怎么个吃法,各地有各地的习俗。在荆楚地区,鱼是整个宴席的最后一道菜,基本上是端出来摆摆样子,谁也不去吃它,这意味着,这条鱼是今年剩下来的,留给明年;还有一些地区,一上热菜就是全鱼,一直摆在桌子的中间,直到宴会快结束时人们才动筷子。这两种吃鱼的习俗,都表达人们所寄托的一种期望,希望家业发达,"年年有余"。

由于楚地气候比较炎热,鱼存放久了容易变质腐烂,于是人们就将鱼宰杀,去内脏,再晒干或焙干后保存起来,这种方法谓之"枯鱼"。《韩非子·外储说左下》中说:"孙叔敖相楚,栈车牝马,粝饼菜羹,枯鱼之膳。"孙叔敖做楚令尹时就经常吃这种枯鱼。枯鱼一般经腌制后晒干水分,便于保藏,也可用火烤干水分,烤干的鱼称为"鱼炙"。《国语·楚语下》云:"士食鱼炙","鱼炙"也就是指这种鱼。

楚巴交界区域一些山里人还爱吃一种"熏鱼"。就是把鱼洗净晾干后,吊在灶口上用烟熏,然后在锅里放上少许米或糖,上面架上甑皮(一种用竹片编架起来用来蒸东西的工具),再把经过烟熏的鱼洗干净后放在上面,用文火慢慢地熏烤,一边烧,一面在鱼身上涂一些红酒糟,直至锅里的米或糠完全烧焦为止,便可食用了。这种熏鱼味道奇香,带有浓郁的酒糟味,咬起来带有弹性,便于保存,所以,山里人把它切成片后,作为正月里人来客往的一道最好的下酒菜。

第二节　烹饪工艺学的研究内容

烹饪工艺学是运用化学、物理学、生物学和食品工程原理等学科的有关理论,研究菜肴制作过程与工艺的理论和技术。食物加工过程中的每一个环节都是烹饪工艺完整流程的一部分,流程中的每一个工艺现象都是被研究的对象。烹饪工艺学的研究内容包括所有技能、技术和工具操作的总和。主要包括以下方面。

1.原料选择标准与加工工艺

根据卫生、营养、美感的标准对食物原料进行选择,加工处理原料以达到可以烹饪的水平,使其成为能被直接使用的烹饪原料。例如对植物原料的筛选摘洗、对动物原料的屠宰清理、对干制原料的涨发加工等等。

2.原料分解和切割工艺

将清理加工好的食物原料切割分解,使料形更加精细,便于烹饪成菜,同时又方便人们取食。不同料形的原料还可丰富菜肴的种类。例如对动物脏器的拆卸加工、原料的切割和加工等等。

3.原料混合工艺

多种原料混合配制成一种新的加工原料,例如制馅、蓉胶等等,混合加工工艺为菜肴的烹饪增加了新的元素,丰富菜点内容。

4.原料优化工艺

对菜肴的味、色、香、形和营养等方面进行提升,改良菜肴的品质,增加食物的风味,使人们食用时内心愉悦。优化加工工艺包括调味工艺、调香工艺、着色工艺、着衣工艺、致嫩工艺和食品雕刻工艺等等。

5.原料制熟工艺

运用加热的方法,将选择清理好的原料,通过炸、煮、炒、烹、熘、拔丝等制熟工艺,使原料成为成菜。

第二章　原料选择标准与加工工艺

 学习目标 ……

　　通过本章内容的学习，使学生对食物原料的种类和品质有所了解，能够掌握原料挑选的基本方法、掌握原料清理加工的技法。在不同的烹饪需求下，学生能灵活运用畜、禽、鱼、虾和干货等原料的选择与清理加工方法，为后续的烹饪工艺打下基础。

本章导读

　　食物原料可分为动物性原料如肉、蛋、奶等；植物性原料如土豆、冬瓜、菜薹等；人工加工性原料如香料、调料、色素等。这些原料各具特点，在烹饪过程中发挥不同作用，正是因为有了食物原料的多样性，才能带给人类充足的营养和风味的满足。

　　食物原料需要进行选择和清理，才能达到卫生法规的要求，对品质进行鉴定，方可满足营养、风味、形态和新鲜度的标准，以符合成菜要求。因此学生需要学习食物的选择规律以及不同食物原料的选择和清理加工方法，以便烹饪出美食。本章的学习内容有原料的选择原则和规律、植物性原料的清理加工、水生动物原料的清理加工、陆生动物原料的清理加工和干制原料的涨发加工等。

第一节　原料的选择原则和规律

　　食物原料选择的基本目的和意义是保障饮食安全和为身体提供营养，同时还要兼具色、香、味、形、质的品质要求。因此，掌握食物原料选择的技能需要了解选料原则与规律。

一、原料选择原则

1. 卫生安全原则

　　食物被细菌（如沙门氏菌、葡萄球菌、大肠杆菌、肉毒杆菌等）污染，或是食物（如河豚、毒蘑菇、发芽的土豆等）本身含有自然毒素，都会造成食品的不安全。选择原料的安全卫生标准，应该以《中华人民共和国食品安全法》及其他有关食品鉴定法规作为标准。

　　不安全的植物原料和动物原料都有可能使人中毒。如受大气污染及工业废水残留的粮食、蔬菜等，在生产期滥用农药、激素、着色剂、膨松剂、防腐剂的农作物等是有害的植物性原料。如"瘦肉精"猪肉、福尔马林浸泡的水产品、激素饲养的甲鱼等是有害的动物性原料。

从食物的卫生安全方面出发,选择食物原料必须具备丰富的原料学、卫生学知识,大到瓜果蔬菜、禽肉蛋、粮食,小到油盐酱醋的选择都要严格把关,最好购买国家卫生检疫部门认可的商品,使用新鲜原材料。

2. 营养搭配原则

食物中含有多种人体需要的营养成分,其中主要有糖、脂肪、蛋白质、维生素、无机盐和水,共六大类。根据在机体内的作用,这些营养成分可以分为构成物质、能源物质和调节物质三部分。食物原料的选择要考虑营养搭配,要根据食物中营养物质的含量来调整,同时,对原料的选择有时要兼顾其营养构成和加工损耗,根据二者之间的关系做动态调节。

不同的食物原料所含有的营养元素差距很大,即使是同一种食物,例如板栗,不同品种中含有的蛋白质、脂肪量都有差别。因此,需要通过对菜肴中主材料、配料以及烹饪方式等的合理选择,才能使原料之间的营养互相补充,满足人体营养的需要,做到平衡膳食。在烹饪过程中,有时为了增添风味,会使用到调味辅料,如色素、糖精等,从营养的角度来看,要尽可能少使用。

3. 风味性选择原则

原料和烹调方法相匹配是保证菜肴质量和风味的关键。烹饪的过程其实是使原料熟化和入味的过程。风味是指食物中所含有的特定的化学成分、质感和形态,通过烹饪加工而体现出的以色、香、味形式呈现出来的综合体验。食物原料在未加工时,所表现出来的味道和质感,与熟化加工后的相比可以有很大的区别,比如:竹笋加工前略涩口且带泥土香,加工后则口感清甜爽脆;鱼肉加工前有腥味,但是经过烹饪之后口感爽滑,细嫩无比;羊肉处理之前膻味扑鼻,加工之后口感醇厚。

4. 原料形体的选择原则

原料形体的选择是保证菜肴形态完美、结构完整、外表光洁的前提,是制作优质菜肴的关键。形体均匀、个头饱满、色泽光鲜的食物原料往往是上乘食材的标志。在烹饪工艺学中,对原料形体的选择还应充分考虑菜肴制作的要求、原料的使用效率和最大利用率。

二、原料选择规律

食物原料的选择有一定的规律,通常会用到理化鉴定法与感官鉴定法。感官鉴定法是最常用的鉴定食材好坏的方法,它需要充分利用听、看、闻、尝和触对原料综合判断,识别的过程非常复杂,需要长期积累形成经验。一般来说,食物原料的选择具有以下规律。

1. 根据新鲜程度选择

选择当地、当季、有机、外观完好、气味清香、质地坚实、富含水分、无虫无病以及无化学添加的食材。应遵循以下原则。

①当地。选择当地食材有很多优势。首先,当地食材能够更好地适应当地的气候和环境,因此生长周期短,收割时间早,更加新鲜。其次,当地食材的运输距离短,降低了食材的浪费和能源消耗。此外,选择当地食材还能支持当地农民和农业经济,促进地方经济发展。

②当季。选择当季食材可以保证食材新鲜度和品质。当季食材在当季采摘,成熟度高,口感更好。同时,当季食材的价格相对较低,更加经济实惠。

③有机。有机食材是指在生长过程中不使用化学农药、化肥和抗生素等添加剂的食材。选择有机食材可以避免食品中残留化学物质,减少对身体的伤害。此外,有机食材的味道和营养价值也更加丰富。

④外观完好。选择外观完好的食材非常重要。外观完好的食材不仅更加美观,而且也能更好地保持食品的营养和口感。

⑤气味清香。气味清香的食材可以反映食材的新鲜度。如果食材发出异味或者没有明显气味,可能已经不新鲜或者已经变质。

⑥质地坚实。选择质地坚实的食材可以保证口感和耐久度。如果食材质地松软或者过于硬脆,可能已经不新鲜或者已经变质。

⑦富含水分。选择富含水分的食材可以保证口感和营养价值。如果食材干枯或者缺乏水分,不仅口感差,而且营养价值也会降低。

⑧无虫无病。选择无虫无病的食材可以保证食品安全和卫生。在选择食材时,要关注食材的种植、养殖方式,选择经过病虫害防治和检验合格的食材。

⑨无化学添加。选择无化学添加的食材可以避免食品中残留化学物质,减少对身体的伤害。在购买食材时,要关注生产商是否使用了化学添加剂,尽量选择无化学添加的食材。

2. 依照食用的安全卫生标准选择

①食品工艺中的卫生控制。在食品加工过程中,必须严格遵守卫生规范,确保原料在接收、储存、加工、包装、运输等环节中符合卫生标准。

②食材采购及储存过程中的卫生措施。食品加工者应选择卫生状况良好、信誉可靠的供应商,确保所采购的原料符合国家卫生标准。同时,在原料储存过程中,要保证温度、湿度等条件符合规定,防止微生物、虫害等对原料的污染。

3. 依照菜肴营养平衡的原则选择

①食品中各种营养成分的含量和比例。食品加工者需要根据不同原料的营养成分含量和比例,结合产品需求和消费者营养需求,选择适合的原料。

②不同种类食物之间的营养搭配。通过合理搭配不同种类的食物,可以满足人体对各种营养素的需求,同时提高食品的营养价值。

③食品加工过程中的营养损失。在食品加工过程中,不可避免地会造成营养素的损失。因此,食品加工者需要采取适当的工艺和措施,尽量减少营养素的损失。

4. 依照烹调工艺的需求选择

①食品的口感和香气成分。食品的口感和香气是评判其品质的重要指标之一。食品加工者需要根据产品的需求和消费者的口感习惯,选择适合的原料。

②食品添加剂对风味的影响。在食品加工过程中,添加剂的使用可能会对产品的风味产生影响。因此,食品加工者需要选择适合的添加剂,以保持食品原有的风味。

③食品储存和运输过程中的风味保持。在食品储存和运输过程中,风味容易受到损失。食品加工者需要采取适当的措施,如低温、密封等,以保持食品原有的风味。

5. 依照原料的物理特性选择

①根据原料的产地、品种和市场需求进行选择。不同的原料品种和产地会对原料的形态产生影响。食品加工者需要根据市场需求和产品需求,选择适合的原料品种和产地。

②对于加工过程中易出现形态变化的原料,应特别注意选择。在食品加工过程中,有

些原料的形态容易发生变化。食品加工者需要选择形态稳定、易于加工的原料。

③豆类、蔬菜等原料的选择:豆类、蔬菜等原料的形态和质量对食品的口感和品质有着重要影响。食品加工者需要根据产品需求和原料特性,选择形态饱满、质地鲜嫩的原料。

总之,对食物原料物尽其长,分级使用,便能体现出烹饪原料选择的实际效果。

第二节　植物性原料的选择加工

植物性原料通常分为蔬菜原料和粮食原料,大多属于高等植物,由花、茎、叶、根、种五部分组成。根据食用部位的不同,蔬菜原料被分为叶菜类、根菜类、瓜菜类、果菜类、花菜类和豆菜类六种。植物性原料的清理加工就是去掉其不可食用的部位,同时为了菜肴的美感,还需要根据菜肴设计的标准保持原料最佳的色、形、质等外观美感。

一、蔬菜原料的选择加工

1. 叶菜类的初步加工

加工步骤:摘剔→浸泡→洗涤→沥水→理顺。

操作要领:根据烹调的要求来决定是否保持蔬菜的完整形状;洗涤时尽量保持蔬菜叶面完整,并且一定要清洗干净;蔬菜要先洗后切,以免造成营养成分的流失。

2. 根菜类初步加工

加工步骤:去除原料表面杂质→清洗→刮剥去表皮、污斑→洗涤→浸泡→沥水。

操作要领:刮削表皮时要注意节约,不可把食用部分刮去过多;根菜类蔬菜绝大多数含有鞣酸,易出现褐变从而影响蔬菜的颜色。去皮后的原料应避免与铁器接触,或长时间裸露在空气中。

3. 瓜菜类初步加工

加工步骤:去除瓜菜表面杂质→洗净→去蒂、去皮或去籽粒→洗涤。

操作要领:瓜类蔬菜在刮皮和去籽粒时,要注意节约;有些瓜类蔬菜可以作为食品雕刻的原料,可不用去皮,但在雕刻前需洗涤干净。

4. 果菜类初步加工

加工步骤:去除果菜表层杂质→洗净→刮掉表皮、污斑→洗涤→挖瓤去籽→清洗。

操作要领:果菜类蔬菜的初步加工要根据烹调的要求进行。

5. 花菜类初步加工

加工步骤:去蒂及花柄(茎)→清洗→沥水→浸泡。

操作要领:洗涤时要用冷水洗;注意保持花菜的完整。

6. 豆菜类初步加工

加工步骤:第一种,荚果均可食用的豆菜,其初步加工的方法为:掐掉豆蒂→去筋→洗净沥干,如豇豆、荷兰豆等。第二种,仅食用种子的豆菜,其初步加工的方法为:剥掉外壳→取出籽粒→洗净沥干,如蚕豆等。

操作要领:去顶尖和边筋时要去除彻底、干净;取籽粒时,要保持籽粒的完整。

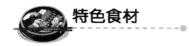 **特色食材**

湖北特色蔬菜原料如下。

1. 洪山菜薹

菜薹古名芸薹菜，又称紫菜、紫菘、菜心等，红色者称红菜薹，偏紫色者叫紫菜薹。洪山菜薹即属于红菜薹。

红菜薹广泛生长在我国长江流域一带，特别盛产于江汉平原。种植此菜需要肥沃的土壤，较低的气温，一般是秋植冬撷。红菜薹枝干亭亭，黄花灿灿，茎肥叶嫩，素炒登盘，清脆可口，质脆味醇，最为上乘。红菜薹以武昌洪山一带所产质量最佳，故一般叫它"洪山菜薹"，有人称其为"国内绝无仅有的美食名蔬"。还有行家称，武昌洪山宝通寺一带的菜薹味道尤其出色，别处所产均不能与之媲美，以至于有一种说法，能听到宝通寺钟声的地方所出产的菜薹才是正宗的洪山菜薹。

2. 蔡甸莲藕

蔡甸莲藕系湖北省武汉市蔡甸区特产，外观通长肥硕、质细白嫩，口味香甜、生脆少渣、藕丝绵长，营养丰富，品质优良。

蔡甸种植莲藕历史悠久。隋唐时期，作为栽培之用的莲藕在蔡甸传播引种，良种沃土相得益彰，越长越好。宋代开始闻名京都，蔡甸莲花湖莲藕作为贡品，于每年夏冬两季，水陆兼程，定时入京。明清时代蔡甸已经大面积植藕。

3. 蔡甸藜蒿

藜蒿学名狭叶艾，又名芦蒿、水蒿、青艾等，为菊科多年生草本植物，具有极强的生命力，耐湿、耐寒、耐贫瘠，但不耐旱。民间有"正月藜，二月蒿，三月作柴烧"之说，指农历三月藜蒿纤维已显粗老，没有食用价值。

藜蒿茎尖鲜嫩，作为时蔬，具蒿之清气，菊之甘香，脆嫩可口。有红茎秆和绿茎秆之分，红茎秆为野生，绿茎秆是近年来人工培育品种，二者香气相同，以野生品种为甚。地下茎人们常称作藜蒿根，同嫩茎尖一样，常和腊肉同炒成菜，腊香和藜蒿芳烈野香，经充分混合，食之有返璞归真的感受，受到人们的推崇和青睐。

4. 房县小花菇

花菇是香菇中的上品，素有"山珍"之称，它以朵大、菇厚、含水量低、保存期长而深受人们的喜爱。

房县地处湖北省西北部边陲，至今仍保留着原始生态和无污染的环境。房县小花菇的顶面呈现淡黑色，菇纹开暴花，呈白色，菇底呈淡黄色，因顶面有花纹而得名。房县小花菇的生产保持着天然纯净的特色，以其味香质纯、冰清玉洁而饮誉菇坛，又因其外形美观、松脆可口而被称为席上佳珍。电视纪录片《舌尖上的中国》第二季《脚步》，对房县小花菇还做了专门介绍。

5. 枝江七星台蒜薹

七星台蒜薹，是产于湖北省枝江市七星台镇的一种蔬菜，清甜中略带辛辣，具有消炎抗菌的特殊功能，故而美名远播，俏销国内多个大中城市。湖北省枝江市七星台镇是水电旅游名城宜昌市的东大门，与古城荆州隔河相望，享有"湖北大蒜镇""三峡油脂城"之美誉。

七星台蒜薹含有人体所需多种营养素以及大蒜素等成分。2016年,七星台蒜薹获得了国家农产品地理标志的登记认证。

6.宜昌兴山昭君眉豆

昭君眉豆是昭君故里湖北省兴山县高山特有的一种原生态蔬菜。因豆荚颜色鲜艳靓丽,形似弯弯的眉毛,故名昭君眉豆,也被称为颜值最高的菜豆。迄今有两千多年的种植历史,是高山农民种植的传统蔬菜。

昭君眉豆具有"产量低,营养价值高"的特点。2014年,湖北省农科院检验认证,昭君眉豆富含8种微量元素,且膳食纤维含量丰富。

昭君眉豆制作方法多样,味道鲜美。"老了吃荚"是昭君眉豆的吃法。一般很少食用新鲜豆子,要等豆荚自然老化风干后食用为佳。这种豆子不怕炖,越炖越好吃。煮好的昭君眉豆,异常粉糯,而且吸满汤汁,味厚香浓。

7.孝感安陆白花菜

安陆白花菜,湖北省安陆市特产,获全国农产品地理标志。

安陆白花菜栽培历史悠久,种植区域广阔,全市各地均产。安陆白花菜营养丰富,富含多种维生素、氨基酸、碳水化合物和人体必需的钙、铁、镁、锌等元素。以安陆市接官乡、王义贞镇、南城办事处等地的白花菜最为著名。长期食用可促进人体新陈代谢、降低胆固醇。安陆白花菜还可药用,能散寒止痛。

安陆白花菜鲜香可口,可以炒制、凉拌、煮粥等,在当地非常受欢迎。

8.孝感安陆南乡萝卜

南乡萝卜是湖北安陆南城出产的一种根系植物,白色,圆形,富水分,清淡甜脆;调理温和,自古就有"南乡的萝卜进了城,城里的药铺要关门"之说。

南乡萝卜形态优美,为圆形或椭圆形,上部青如翡翠,下部白如白玉,故有"小萝莉"的美称。南乡萝卜除了富含糖类物质外,还含有各类氨基酸和大量的萝卜素,萝卜素具有止咳、助消化、利尿等药用功能,故南乡萝卜又有"小人参"之美誉。此外,南乡萝卜肉质脆嫩,味甜多汁,生吃甜似苹果、脆似梨,还有"大水果"之别名。南乡萝卜可炒、可烧、可炖、可腌、可腊,亦可生吃,其中,南乡萝卜烧五花肉是民间餐桌上最常见的佳肴。

9.武穴佛手山药

山药,亦名薯蓣,为一年生或多年生缠绕性藤本植物,其地下的块茎可做菜也可入药,是药食两用佳品。

武穴佛手山药形似佛手,表皮呈浅黄色,皮薄如蝉翼,毛孔平实,有1～2 cm细长的根蒂,组织细密,肉质嫩白,黏液质丰富。佛手山药煨制食用,香气四溢,风味独特,具有滋阴、利肺、健肾、健胃、止泻痢、化痰、滋润毛发等功效,是很好的药食两用食材。

10.咸宁崇阳雷竹笋

崇阳雷竹笋是湖北省咸宁市崇阳县的特产。崇阳素有"鄂南竹乡"之称,竹的栽培在崇阳历史悠久,竹文化源远流长,竹类资源得天独厚。雷竹笋是天然森林蔬菜,不仅味美可口,营养丰富,而且具有一定的食疗保健功能。雷竹笋富含的纤维素能促进肠道蠕动,有利消化和排泄,减少有害物质在肠道的滞留和吸收。雷竹笋还具有清热、化痰、消炎、利尿之功效,对肺热、咳嗽、浮肿、糖尿病、高血压等疾病,都有一定的食疗作用。

二、粮食原料和添加剂的选择加工

（一）粮食原料、添加剂的种类和粮食挑选原则

古时行道曰粮，止居曰食。后亦通称供食用的谷类、豆类和薯类等为原粮和成品粮。联合国粮食及农业组织定义的粮食就是指谷物原料，包括麦类、粗粮类和稻谷类等。粮食能提供人类所需的蛋白质、维生素、脂类、糖类和膳食纤维等。

粮食在烹饪时，需通过添加剂对其调味、发酵、增白、着色以增加风味。添加剂的种类有油、盐、酱、醋、味精、料酒、发酵粉、苏打、香料等等。有时为了让粮食更有卖相，还会添加防腐剂、色素等。

挑选粮食，首先要秉承卫生安全的原则，要选择人工添加剂较少的原料，最好选择纯天然的品种；其次要选择干净无杂质的原料，去除含有被污染的、霉变的、变质的部分，挑出粮食中的泥沙、草屑等杂质。将选择好的粮食，进行整形加工、受潮烘干、沉淀过滤等一系列工序，使之成为能被烹饪者直接使用的原料。

（二）选择加工方法

依据粮食原料和添加剂的形态特点，有以下几种加工方法。

1. 分拣法

将粮食原料平铺于平面，根据体形大小和外观好坏分别挑选出优、良、中、差级别。这种方法较多运用于大颗粒原料的选择，如黄豆、花生、玉米等。

2. 扬播法

将粮食原料置于簸箕中，用力扬起，让风吹走较轻的壳屑。通过反复扬起，簸箕中的壳屑已被清除，较重的小石子和泥块沉于簸箕底部，这时再用人工拣出中间的粮食。此法适用于较小颗粒原料的加工，如芝麻、绿豆、大米等。

3. 筛选法

将粮食原料置于筛网中，通过左右晃动，并用手揉擦原料，使原料从筛网中漏下，可分离出原料与杂质。筛选法一般适用于对米、面的选择加工。面粉过筛后，质感更为细腻膨松，便于烹饪。在糕点制作工艺当中，筛粉是一道重要的工序。

4. 碾压法

有些粮食原料和添加剂块头较大，在烹饪时需要对其进行整形，例如用石磨、碾槽等将块状的食物原料压成粉状，方便使用。这种方法适用于对盐块、冰糖、明矾等添加剂原料的加工。

5. 溶解法

溶解法是将浓度高的可溶性粉末结晶加入一定的比例的水进行溶解，成为浓度较低适于烹饪口味的加工方法。适合于此法的原料有碱、色素、味精等。原料经溶解后成为溶液，能够在食品中迅速而均匀地扩散，便于调味。

6. 过滤法

将浑浊的液体倒入过滤器中，液体沿器皿缓缓流下，分离出固态絮状杂质，下层容器中

得到纯净的原料。此法适用于酒、酱油、醋等液态添加剂。当添加剂较浓稠时,可加入适量水稀释后再过滤。

7. 炼制法

此法是将油脂通过加热后去除其杂质和油腥味的方法。如菜籽油、大豆油、亚麻籽油等这些不饱和脂肪酸含量高的油脂在储存过程中会带有异味,类似豆腥或鱼腥;还有含水量较高的动物脂肪也会带有如马粪纸的味道,这时可通过对其加热,重新炼制的方法去除异味。

 特色食材

湖北特色粮食作物如下。

1. 汉南甜玉米

玉米,学名叫玉蜀黍,俗称玉茭、苞谷等,是全世界总产量最高的粮食作物,也是重要的饲料来源。

甜玉米,又称蔬菜玉米,禾本科玉米属,是玉米家族八大类型中含有一个或几个特殊基因的品种。据了解,甜玉米原产于墨西哥,现代甜玉米产业起源于美国,因其具有丰富的营养和甜、鲜、脆、嫩的特色而深受人们青睐。汉南玉米可分为甜玉米、糯玉米、常规玉米三种,尤以甜玉米最为有名。产自汉南区的甜玉米,又有"水果型玉米"之称,既可生吃,也可熟食,其主要特点是穗大、籽粒饱满均匀、色泽鲜亮,青棒阶段皮薄、汁多、质脆而甜。汉南甜玉米富含维生素 A、维生素 B1、维生素 B2、维生素 C、矿物质及游离氨基酸等,含糖量更是高达 20％,是常规品种玉米的 2 倍左右。

2. 黄冈红安苕

苕是湖北地方对红薯的俗称。红薯,学名番薯,又名山芋、红芋、甘薯、地瓜(北方)、红苕(南方)等。

红安苕是一种地方红苕名品,它生长在大别山革命老区湖北省红安县,是红安人祖祖辈辈赖以生存的主要粮食作物。红安出产的红薯呈长条形、纺锤形,红皮、红心,胡萝卜素含量高,因其形状、质地同别的地方不同,以至于成为红安特产,名曰"红安苕"。

红安苕较之其他地方的红薯品种,特色明显。生吃,甜甜的,脆脆的,有红枣之味,有黄梨之香;熟吃,绵绵的,粉粉的,有蛋黄之美,有南瓜之甜。一般红苕吃后易胀气、打嗝,不好消化,唯独红安苕没有这种弊病。

第三节 水生动物原料的初步加工

水生动物原料的品种很多,可分为鱼类、两栖与爬行类、甲壳类、软体类四大类。水生动物的清理主要是清理内脏部位,加工过程有宰杀、褪鳞、去鳃、去内脏、清洗等步骤。水生动物表皮往往附着黏液,其内脏中的胆和肠最难去除。加工水产品时还要充分去腥,否则影响菜品口感。不同品种的水产品的清理加工方法也不尽相同,具体分类如下。

一、鱼类原料的初步加工

加工步骤:褪鳞→去鳃→开膛取脏→内脏清理。

1. 褪鳞

用刮鳞刀沿鱼尾向鱼头方向逆向刮去鳞片。褪鳞是指对鱼类原料外皮上骨质鳞片的去除。有的鱼类的鳞片为脂质,可以食用,因此不需要去除,脂质鳞的鱼类代表为鲥鱼,其鳞片中含有丰富的脂肪,在烹饪的过程中,可改善鱼肉的味道和嫩度。褪鳞的加工方法还可分为剥皮、褪沙、烫泡和剖杀等。

①剥皮。此种方法是指用刀从头部向下将鱼的表皮整体去除,适用于皮质粗且味道不佳的鱼,去皮后的鱼再摘去鳃和内脏,清洗干净。如马面鱼。

②褪沙。这种方法是指用刀刮去鱼皮上附着的生理性沙鳞,仅限于鲨鱼的加工制作,具体做法是用 70~90 ℃热水浸烫鲨鱼表皮,1~3 分钟即可。

③烫泡。有的鱼类表皮无鳞,但体表富含黏液,鱼腥味较重,如泥鳅、海鳗、江鲴等,这些鱼类的处理方法是用 95 ℃沸水浸烫鱼体,待黏液凝聚后,取出原料在流水中反复搓洗,直至无黏滑感,再进行宰杀、去鳃、去脏等。江鲴的黏液处理有时还需用刀具,刮去表皮灰色黏膜方可继续处理。

④剖杀。此种方法仅适用于鳝鱼。湖北盛产鳝鱼,其生理结构为合鳃,生命力极强,离水亦可活。烹饪时一定要挑选鲜活的鳝鱼作为原料,否则能使人组胺中毒,因此在剖杀时,只能乘活而杀。剖杀鳝鱼有"氽杀"与"活杀"两种方法。

氽杀是指将活鳝鱼氽水,先烫死再处理的方法。制作过程是:a. 将清水烧沸;b. 投入活鳝鱼,加入盐、醋、葱、姜、蒜等调料,加盖氽;c. 待鳝鱼身体蜷曲后,用长勺轻轻搅动鱼身,以去除体表黏液;d. 搅动片刻后,加入凉水使锅内降温,水温维持在 80~90 ℃,浸烫 10~15 分钟;e. 待鳝鱼嘴烫开,肉质松软,捞出浸入凉水中;f. 待鱼身温度降低,便可手动剔骨。

小贴士:氽杀鳝鱼时,加入适量的醋可以使鱼皮色素沉着,增加色泽感,醋还能有效去除鳝鱼特有的土腥气;加入适量的盐可使鱼皮收缩,增加弹性,防止鱼皮破裂。另外,盐和醋对促进鳝鱼肉质松嫩也有一定的作用。

活杀即趁鳝鱼鲜活时,用刀割断其颈椎放血至死,或者用木棒重击头部使其昏死后,立即剖腹取出内脏的方法。活杀后的鳝鱼,应立即用盐或醋反复揉搓表面,使黏液渗出,洗净即可。

2. 去鳃

鳃是鱼的呼吸器官,也是微生物最易聚集的地方。要去除干净鱼鳃,首先要了解其组成结构。鱼一般有 2 个鳃,每个鳃又各有 5 个鳃裂,前 4 个鳃裂各有 2 个鳃片,第 5 个鳃裂上无鳃片,直接和咽齿相连。去鳃时需要同时清理掉鳃裂、鳃片和咽齿,鳃盖部分可以保留。加工时,可剪断鳃弓两端,一起取出鱼鳃。

3. 开膛取脏

开膛取脏即将鱼体剖开,将内脏从体腔中取出。开膛取脏的方法通常有三种。

①脊出法。用刀从鱼背处剖开并取出内脏的方法。具体操作方法是:首先,切断肋骨和椎骨连接处;再沿着脊骨用刀划开鱼体;最后一直剖开取出内脏。此种方法的操作要点

是刀口在背鳍的一侧,长度从项圈下至肛门等高点,常用于制作荷包鲫鱼。脊出法较适合于加工纺锤形的鱼,因鱼腔利于填馅,完整性好。

②腹出法。用刀从鱼腹正中剖开,再将内脏取出的方法。操作要点是刀口长度从胸鳍至肛门,常用于制作红烧鱼、松鼠鱼等。

③鳃出法。用剪刀将鳃弓两端剪断,从鱼嘴处插入两根筷子直达内脏,转动筷子使内脏被搅出(切断肛肠),这种方法是制作叉烧鳜鱼、八宝鳜鱼等的特殊方法。一般适用于体窄肠短、腥味小、肉质细腻的名贵淡水鱼的处理,如鳜鱼、刀鲚、白鱼等。

4. 内脏清理

鱼鳔富含蛋白质,特别是鮰鱼鳔、黄鱼鳔更是上品,加工时应剖开洗净。鱼腹腔壁内附着一层黑色薄膜,腥味重,应刮洗干净。

小贴士:开膛取内脏时,要观察鱼体内脏脏器的位置,防止弄破鱼胆。在清理内脏时,要将腔体内黑色体腔膜和腹腔膜(胆去除)清除干净,否则影响口感。鱼子、鱼鳔可以留用。

 **特色食材**

湖北特色鱼类原料如下。

1. 武汉新洲涨渡湖黄颡鱼

黄颡鱼俗称黄腊丁,又名黄骨鱼、黄鼓鱼、江颡,体长、腹平,体后部稍侧扁,一般体长为 11～19 cm,体重 30～100 g。体青黄色,肉质细嫩,无小刺,多脂肪,其蛋白质含量丰富,是我国常见的食用鱼类。

涨渡湖是武汉市新洲区的一个淡水湖泊,水域面积是 6 万亩。涨渡湖黄颡鱼活鱼体背部墨绿色,腹部淡黄色,各鳍灰黑色,其营养丰富,富含蛋白质、脂肪及多种维生素。黄颡鱼常用于煮汤,也有红烧、煮面条等做法。

2. 十堰丹江口翘嘴鲌

翘嘴鲌,隶属鲤科、鲌属,是长江流域的优质经济鱼类。体型较大,体细长侧扁,呈柳叶形,体侧银灰色,腹面银白色;头背面平直,头后背部隆起;口上位,下颌坚厚且急剧上翘,竖于口前,使口裂垂直;眼大而圆,鳞小易脱落,通体白色约占70%,俗称大白鱼、翘嘴巴、翘壳。唐代诗圣杜甫《峡隘》诗云:"白鱼如切玉,朱橘不论钱。"诗中的"白鱼"就是翘嘴鲌。

丹江口翘嘴鲌原系长江、汉江本土鱼种,因丹江口大坝修建,在特定优良环境(水质、温度、酸碱度、光照)中繁衍生存的地域性特色产品。嘴上翘,背部肌肉突起,背部青灰色,腹部银白色,生长快,个体大(常见野生个体体重为 1～10 kg,最大个体体重可达 10～15 kg),肉质呈丝条状,紧实细嫩,富含蛋白质和氨基酸(蛋白质含量高达 17%左右,比太湖鲌鱼高 1%,氨基酸含量比太湖鲌鱼高 0.5%),是鱼中上品。

3. 十堰丹江口鳡鱼

丹江口市位于湖北省西北部、汉江中上游,是南水北调中线工程调水源头和大坝加高工程建设所在地。湖北境内的丹江口水库称汉江库区(汉库),河南境内的叫丹江库区(丹库),丹江口鳡鱼就出产于群山环绕,水面宽阔,水质透明的汉库中,2011 年获中国国家地理标志产品保护。

丹江口鳡鱼凶猛异常,被称为"水中老虎",体背泛青,腹鳍和尾鳍下部呈黄色,鲜肉呈淡橘黄色,肌肉结实,内脏体积很小,腹膜银白色(其他地方的鳡鱼呈淡灰色),熟肉呈丝条状,细嫩,味道鲜美,没有泥腥味,无肌间刺。鳡鱼肉质细嫩,适合做鱼圆、鱼糕、鱼线等。

4. 梁子湖武昌鱼

武昌鱼,学名叫团头鲂,古称樊口鳊鱼,俗称缩项鳊。20 世纪 50 年代,易伯鲁等三十多位中科院水生所研究人员发现湖北梁子湖中有一种鳊鱼是以往文献中没有的。这种鱼头小、口小,背部隆起明显,较厚且呈青灰色,两侧银灰色,腹部银白,体侧扁而高,呈菱形,鳍呈灰黑色,尾柄宽短。专家遂将它命名为团头鲂,又因其原产湖北鄂州(古称武昌),故称武昌鱼。武昌鱼另有一显著生理特征与其他鳊鱼区别较为明显,即两侧肋骨为 13 根半,比其他鳊鱼多 1 根。

鄂州市与武汉市之间的梁子湖是湖北省第二大湖泊,水质清澈,无污染,鱼类资源丰富,水域面积宽广,直通长江,是著名武昌鱼的母亲湖。每到入秋时节,武昌鱼要游过梁子湖通往长江的 45 km 长港,到长江水流湍急的樊口越冬,这种习性造就了鱼体肌肉厚实,肌间脂肪少,经烹调后口感富有弹性。武昌鱼自身结构中红肌肉量极少,腥味极小,入秋后食用,最能体现它味鲜、肉细的特点。

5. 鄂城鳜鱼

鳜鱼又叫鳌花鱼,与黄河鲤鱼、松江四鳃鲈鱼、兴凯湖大白鱼齐名,同被誉为中国"四大淡水名鱼"。唐朝诗人张志和在其《渔歌子》中写下的著名诗句"西塞山前白鹭飞,桃花流水鳜鱼肥",赞美的就是这种鱼(俗称"鄂城鳜鱼")。

鄂城鳜鱼产地水域主要是鄂州(原鄂城县)梁子湖和 45 km 长港,梁子湖和长港湖港相连,与鄂州长江相通。该水域水体清澈,水质纯净,无污染,非常适合鳜鱼的生长。

鳜鱼是一种口大、鳞小、尾圆的鱼,背有黄绿色花纹,形像桂花,俗称鳜鱼。2014 年 2 月,"鄂城鳜鱼"被国家工商总局批准注册为原产地地理标志证明商标。其体较高而侧扁,背部隆起。身体较厚,尖头,头部具鳞,鳞细小。鳜鱼肉质细嫩,刺少而肉多,其肉呈瓣状,味道鲜美,实为鱼中之佳品。明代医学家李时珍将鳜鱼(鳌花鱼)誉为"水豚",意指其味鲜美如河豚。

二、两栖与爬行类原料的初步加工

该类原料主要有鳖、龟、蛙和蛇,以鳖的清理加工工艺最为复杂。

1. 龟、鳖的加工方法

龟、鳖形体可分头、颈、躯干及尾四个部分。龟、鳖原料中,又以中华鳖的加工最为典型,中华鳖俗称甲鱼,和鳝鱼一样,食用死甲鱼容易发生组胺中毒现象,因此宜选用活体加工。

其加工方法是:①将甲鱼腹部朝上,取一根筷子让其咬上,手握筷子将头部拉出。②待头伸出,用刀快速切断颈根处。③用碗接血以备后用。④将断气后的甲鱼置于 70～80 ℃热水中浸烫 2～5 分钟,待皮膜凝固与鳖甲分离时取出。⑤再将甲鱼浸入 50 ℃温水中,用小刀轻轻将背甲与鳖裙分离,取下背甲。⑥背甲取下后即可整理内脏,先完整取出卵,再取出其他脏器。除了膀胱、肠、气管、食管和胃外,甲鱼的其他内脏包括心、肝、胆、肺、卵巢、肾都能食用。⑦内脏整理后,再去除爪尖,焯水洗涤待用。

小贴士:宰杀甲鱼时务必将血放干;浸烫不可过头,要勤观察;颈、爪部位的皮膜务必刮干净,要保持鳖裙的完整。

2. 蛙的加工方法

蛙是两栖类动物,形体可分头、躯干和四肢三部分。蛙类以害虫为食,是大自然的保护者,因此禁止食用野生蛙类。蛙类的烹饪,仅限于牛蛙、林蛙、虎斑蛙等养殖类原料,菜品以牛蛙最为多见。牛蛙的体形较大,重量可超过 500 g,叫声洪亮,原产于北美洲,现在我国多地均有养殖。

其加工方法是:①将蛙摔死;②从颌部下刀,向下用力剥去表皮;③用刀竖向剖开腹部(小蛙可直接从腹下端撕开),整理内脏,扔掉内脏,如肠、胆、胃、膀胱等(林蛙可保留菊花形油脂);④剪去蛙头、蹼趾,洗净待用。

特色食材

湖北特色两栖与爬行类原料如下。

襄阳甲鱼

甲鱼是鳖的俗称,又叫团鱼、水鱼,是卵生爬行动物,是龟鳖目鳖科软壳水生龟的统称,共有 20 多种。中国现存主要有中华鳖、山瑞鳖、斑鳖、鼋,其中以中华鳖最为常见。

甲鱼在湖北民间是被推崇的珍贵小水产,它富含多种营养成分。此外,龟板富含骨胶原和多种酶,是增强免疫力、提高智力的滋补佳品。它的肉具有鸡、鹿、牛、羊、猪 5 种肉的美味,故素有"美食五味肉"的美称。

古代楚国地区河湖交错,水产丰富,是盛产甲鱼的地方。湖北襄阳甲鱼,养殖生态环境好,所产中华鳖性情凶猛,生命力强,裙边宽厚,胶原蛋白含量高。2017年,"襄阳甲鱼"注册地理标志证明商标。

三、甲壳类原料的初步加工

甲壳类原料的加工,主要是指对虾和蟹的加工。

1. 虾的加工方法

虾是餐桌上常见的美食,虾类品种繁多。我们食用的虾主要有对虾、沼虾、龙虾、毛虾等,各类虾的体形大小不等,其中毛虾最小,鳌虾略大,龙虾和对虾出肉量较多。

虾的加工方法是:①剪去虾须、颚足、步足和游泳肢等,大者还需剔去食胃与虾线;②清洗备用。具体加工步骤为:①用手托起虾身,脊背向上;②先剪去额剑、触角;③用剪尖在额剑下方剔除虾肠;④将虾尾柄上下分别剪齐,洗净待用;⑤虾籽洗净后可用。

2.螃蟹的加工方法

螃蟹可分为海蟹和淡水蟹。湖北人通常食用大闸蟹,是淡水蟹的一种,其肉质细嫩,味道鲜美,营养丰富,素有"河蟹上席百味淡"的美誉。

湖北人爱吃螃蟹的原味,因此螃蟹的加工方法仅以最简单的清洗为主,其操作过程是:①将螃蟹静养于清水中,待其吐出泥沙;②用软毛刷刷净骨缝中的污泥;③用棉线将螃蟹的钳和脚紧紧绑住,即可入锅清蒸。

小贴士:捆绑蟹足,俗称"扎蟹",其作用是,防止在清蒸的过程中,锅内温度升高,致使螃蟹奋力挣扎,导致蟹足脱落,蟹脂外溢,而影响成菜美感。另外也要特别注意,死蟹不可食用,易引起组胺中毒。

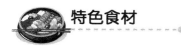 **特色食材**

湖北特色甲壳类原料如下。

1.梁子湖大河蟹

梁子湖大河蟹属中华绒螯蟹,甲壳纲、方蟹科,具有"青背(蟹壳呈青灰色,平滑而有光泽)、白肚(贴泥的肚脐和甲壳晶莹洁白,没有黑色斑点)、黄毛(蟹腿有金黄色绒毛,根根挺拔)、金爪(蟹爪金黄,坚挺有力)"的突出特点。

梁子湖位于武汉市与鄂州市之间,湖水清澈,水质达国家二级标准,是驰名中外的武昌鱼的故乡。鱼美蟹肥是对梁子湖物产的最好描述。梁子湖所产梁子湖大河蟹,个大肚白,油满脂丰,肉鲜味美,被誉为"蟹中珍品"。早在清代年间,《湖北通志》就有"樊湖螃蟹,个大味腴"的记载。

梁子湖大河蟹营养丰富,富含蛋白质和多种游离氨基酸(尤以天门冬氨酸、谷氨酸、精氨酸、赖氨酸最为突出),以及视黄醇、核黄素等多种维生素,钙、铁等多种无机盐,其蛋白质含量达到19.8%(比普通河蟹高出5.8%),粗脂肪达10.3%(比普通河蟹高出4.3%),水分约为57.9%(比普通河蟹低11%),品质不逊阳澄湖大闸蟹。"一蟹上席百味淡",这是民间和业界对梁子湖大河蟹的最佳称赞。

2.十堰丹江口青虾

丹江口青虾,2014年通过国家地理标志保护产品申报评审,产地范围为湖北省丹江口市均县镇、六里坪镇、习家店镇、凉水河镇、浪河镇、丁家营镇、土台乡、武当山特区、牛河林业开发管理区、大坝办事处、丹赵路办事处、三宫殿办事处12个乡镇办事处区现辖行政区域。这些区域出产的青虾,曾获得国家有机产品认证。

该虾自然繁殖、生长,生活环境水质清澈,具有壳薄肉满、虾身洁净、透明度高等特征,是高蛋白低脂肪水产品,颇受消费者欢迎。

3.潜江小龙虾

小龙虾也称克氏原螯虾、红螯虾和淡水小龙虾,形似虾而甲壳坚硬。成体长5.6～11.9 cm,通体暗红色,甲壳部分近黑色,腹部背面有一楔形条纹。螯狭长,甲壳上明显具颗粒。属淡水经济虾类,因肉味鲜美广受人们欢迎。因其杂食性、生长速度快、适应能力强而在当地生态环境中形成绝对的竞争优势,因此成为重要经济养殖品种。

小龙虾原产于北美洲,第二次世界大战期间,小龙虾从日本传入我国,20世纪50年代开始传入潜江。潜江小龙虾的特点是尾肥体壮,鳃丝洁白,无异味,腹部清洁透明;两只前螯粗大,色泽明亮,外壳一般呈淡青色或淡红色,性成熟个体呈红褐色,无附着物。可食比率≥25%,虾尾肉占虾体重≥15%,虾肉中蛋白质含量占鲜重比率≥17%。著名菜肴有潜江油焖大虾、清蒸小龙虾、脆皮小龙虾、麻辣小龙虾、蒜蓉炒虾球等。

从2000年开始,潜江市成功探索发明"虾稻连作"模式,开展稻田养虾,后又发展为"虾稻共作"模式。2012年,经国家工商总局商标局认定,"潜江龙虾"荣获国家地理标志证明商标。2013年,潜江龙虾获国家农产品地理标志保护。2017年,潜江小龙虾被纳入清单,成为中国和欧盟互换认证的100个地理标志产品之一。2023年,国家知识产权局商标局正式批复认定"潜江龙虾及图"商标为驰名商标。

四、软体类原料的初步加工

软体类原料主要有田螺、蚌等。

1. 田螺的加工

田螺是腹足动物的代表。田螺的加工方法是:①将田螺静养3天,待其吐尽泥沙;②置于浓度为1%的碱液中;③浸泡数小时后,刷净壳上泥垢,可加热食用;④若需吸食,则在烹饪前,用钳子夹断螺壳顶的螺旋。

小贴士:螺肉富含黏液,需用盐反复搓洗干净。食用时,需先挑掉田螺头部的厣盖。

2. 蚌的加工

蚌是瓣鳃动物,又名无齿蚌,俗称河蚌。蚌的加工比其他软体动物略复杂,其方法是:①用薄型小刀插入前缘两壳结合处,向两侧移动,割开前、后闭壳肌;②贴上下壳内侧剜出软体,摘去鳃瓣和肠胃;③用少量盐液浸洗。较小型瓣鳃动物取肉加工的方法与河蚌相同,只是它们没有明显的胃肠,因此取出软体后,只需要浸泡于浓度为1%～1.5%的盐液中40～80分钟,待其吐净体内泥沙杂质,即可烹饪。

小贴士:较大的蚌加热时,需将足(斧状肉)轻轻捶松,便于成熟。

 **特色食材**

湖北特色软体类原料如下。

1. 湖北厚壳圆田螺

田螺泛指田螺科的软体动物,属于软体动物门腹足纲前鳃亚纲田螺科。

湖北厚壳圆田螺广泛分布于汉川、潜江、荆州等水域发达区域。湖北省内其余各地的淡水湖泊、水库、稻田、池塘沟渠也均有养殖。湖北厚壳圆田螺的特点是肉嫩味美、营养丰富。湖北厚壳圆田螺属于淡水中常见的大型螺类,分布较广,以宽大的肉质足在水底爬行,以水生植物叶片、藻类等为食。其壳高可达60 mm,宽

40 mm。壳坚固。有6～7个螺层。缝合线深。栖息于水中。对干燥和寒冷适应力强,能将身体缩入壳内,用厣封闭壳口,缩入土内,待环境适宜时再爬出活动。

湖北厚壳圆田螺繁殖季节为4—8月;交配多在白天进行,时间不固定,长者可达12小时;雌螺产仔多在夜间,6—7月产仔最多,育儿囊内怀胚螺数平均70余个,最多达100余个,发育成成熟仔螺后陆续产出体外,自由生活,仔螺生长1年可发育成成螺。成螺肉味鲜美,营养价值高。其食用价值有:①补钙。田螺中富含钙元素,可帮助青少年促进骨骼生长发育,还可帮助老年人预防骨质疏松、促进钙吸收。②提高免疫力。田螺中含有丰富的氨基酸和维生素,可提高身体免疫力,增强抗病毒能力,从而预防各种疾病。③保护眼睛。田螺中富含维生素A,可缓解眼部疲劳,降低辐射对眼睛的伤害;还对夜盲症有辅助治疗作用。

清明前后,正是吃田螺的时令季节,此时此刻的田螺因为尚未繁殖,所以肉质肥厚且味道鲜美。清明前后的田螺可以称得上"田里第一鲜"了,坊间一直流传着"清明螺,胜似鹅"的说法,足以证实田螺在老百姓心中的地位。

2.天门义河蚶

义河蚶是湖北省天门市水产名品,属全国稀有之品。唐代诗人皮日休《送从弟皮崇归复州》诗句"车螯近岸无妨取",即咏此物。

相传宋太祖赵匡胤,一次在湖南境内,遇到由山西蒲州随父来南岳大刹进香拜神的京娘,因其在途中与父走散不能返家。这时,赵匡胤正准备赴竟陵(今湖北天门),投奔后汉复州防御史王彦超,他为了使京娘能够平安回家,便毅然决定千里送京娘。一天,赵匡胤送京娘来到竟陵河边,在龙潭湾过河时,因身边没钱,便取下随身携带祖传短剑抵作渡资,当船到河心,突起一阵大风,京娘摇摇晃晃地几乎掉入河中,幸被赵匡胤抓住脱险,但手中短剑却不慎掉入河中,艄公见状便免收渡资。后来赵匡胤做了皇帝,诏封龙潭湾上下一带的天门河为"义河"。传说先前掉进水里的短剑变成了蚶,遂名"义河蚶"。短剑变蚶之说虽不可信,但义河蚶之名始于宋代却是事实。据《天门县志》记载,宋太祖赵匡胤过竟陵县河,舟子不收渡资,赵匡胤登基后,遂诏封天门河为"义河",并蠲免渔课。义河所产之蚶由此被命名为"义河蚶"。

天门"义河蚶"具狭长贝壳两枚,等长,其壳墨色,厚而坚硬,呈扁长形,酷似短剑,一般长约15 cm,宽约3 cm。壳内壁白色,肉呈黄白色,营养丰富,味极鲜美,独具特色,品质在车螯、蛤蜊之上,是湖北天门著名的水产品。2013年7月,天门义河蚶已成功获批国家地理标志证明商标。

天门义河蚶肉味鲜美,乃食中上品,席上珍馐。蚶肉入馔,自古食法颇多,炙烹、红烧、爆炒,以及煮羹、氽汤等,均能烹制出别有风味的美食。清代美食家袁枚在《随园食单》中说:"蚶有三吃法:用热水喷之半熟,去盖,加酒、秋油醉之;或用鸡汤滚熟,去盖入汤;或全去其盖做羹亦可,但宜速起,迟则肉枯。"现今酒店通常做法是"清蒸义河蚶",取其原汁原味。而老百姓家常烹调,一般用蚶肉配菜炒,也别有风味。

第四节　陆生动物原料的初步加工

陆生动物原料主要指的畜类、禽类、蛋类和奶类,前两者的选择和清理加工步骤较复杂,若宰杀或脏器处理不好,原料沾有残毛、黏膜、苦筋、角质皮层、血渍黏液和淋巴等,食用后会对人类的健康造成不良影响,因此,处理时要格外慎重。

一、畜类内脏的清理加工

清理加工畜类内脏原料的方法主要有里外翻洗法、盐醋搓洗法、刮剥洗涤法、清水漂洗法、灌水冲洗法等。

1.里外翻洗法

里外翻洗法,顾名思义就是将内脏原料里外都清洗一遍,还应翻开褶皱处,仔细清理。这种方法主要适用于肚、肠等动物脏器,由于肚、肠的里层十分污秽并带有油脂,如果不翻洗则无法洗净。所以在一面洗净后,须将另一面翻转过来再洗。

2.盐醋搓洗法

该法主要用于搓洗油腻和黏液较重的原料,如肠、肚等。

3.刮剥洗涤法

这是一种采用刮、剥的物理洗涤方法,通过外力去除其原料外皮上附着的污物或者原料自带的硬毛、壳等杂质。例如在加工猪爪的时候,需先用刀刮去爪间的污物,再拔净余毛,去其爪壳,洗净方可。猪舌、牛舌一般先用开水烫,然后放入凉水中浸透,再刮去舌苔,洗净即可。

4.清水漂洗法

质极嫩容易破损的原料,应泡于清水中轻轻漂洗,反复清洗至原料没有污血杂质,并用牙签将其中的血衣、血筋剔去,洗净即成。该法主要用于家畜类的脑、筋、脊髓等。

5.灌水冲洗法

灌水冲洗法通常用于猪肺、猪肠的清洗,是指将水灌注于内脏原料之内,冲刷出内脏中的淤血和杂质的方法。通常,处理猪肺有两种方式:①将食管或气管套在水龙头上,灌水冲洗数次,直到猪肺中的血污彻底冲洗干净,肺的颜色转为白色为止,再加入开水中焯去猪肺外皮血污白皮。②用剪刀将猪肺的各大食管和气管剪开,置猪肺于水龙头下反复用清水冲洗,再入开水中焯去血污白皮,洗净方可。

 **特色食材**

湖北特色畜类如下。

1.十堰郧西马头山羊

郧西马头山羊是我国优良地方山羊品种,因其头部无角,形似马头,体格较大,身体结实,四肢匀称,强健有力,外形近似白马驹而得名,有“中国羊后”之称。

2010 年 4 月,郧西马头山羊通过国家农产品地理标志认证。2010 年 10 月,郧西马头山羊通过国家地理标志集体商标注册。

郧西毗邻六朝古都西安,清代以前,这里一直是皇家狩猎的禁封之地,大约在明代,大批流民因生活所迫,冒险进入皇家禁封地,在郧西山区定居下来,其中的一支回民带入了无角的马头山羊。在漫长的历史演进中,无角的马头山羊在相对封闭的地域环境中一步一步地繁育成为今天的特种马头山羊。据有关资料介绍,马头山羊的种群数量很少,它得以生息繁衍的一个重要原因就是它性情温驯,生长快,体质健壮。郧西境内山峦起伏,溪谷交错,广阔的山林、草坡是马头山羊的天然牧场。"山青青,水涟涟,赶着羊儿好赚钱"即是郧西民间放牧马头山羊的民俗写真。

郧西马头山羊,肉色鲜红,肉质细嫩,脂肪分布均匀,膻味小,食之鲜而不腻,富含优质蛋白质、铁以及维生素 B 族、维生素 A 等营养元素,营养价值高。

"大的能推磨,小的一百多,老人吃了不起夜,妇女吃了奶水多。"这首流传在郧西民间的打油诗把马头山羊的温补作用描绘得生动而又传神。

郧西马头羊汤是湖北省十堰市郧西县的特产。郧西县携手武汉市食品龙头企业飘飘集团所生产的罐装马头羊汤,具有味美、肉嫩、汤鲜的特点,销往全国各地。

2. 十堰竹山郧巴黄牛

郧巴黄牛最早发现于湖北省竹山县得胜镇庙垭村,又称庙垭牛,是我国长江以北、秦岭以南、秦巴山区役肉兼用型优良品种。据《竹山县志》记载,几百年前,生活在竹山县得胜、秦古等地的农民就把郧巴黄牛作为赖以生存的主要畜力,加以精心饲养培育,世代相传。通过不断选育,逐渐形成了如今的特有品种——郧巴黄牛。2014 年,郧巴黄牛被原国家质检总局批准对其实施地理标志产品保护。2015 年,郧巴黄牛被国家工商总局商标局受理注册为国家地理标志证明商标。2015 年 9 月,郧巴黄牛地方标准草案通过国家级评审。

郧巴黄牛主要产于十堰市的竹山、竹溪、房县等地,郧西、郧阳区、丹江口市亦有分布。该地区属湖北省西北山区,区域内山上有原,原上有山,山峦起伏,万山重叠,植被覆盖率较高。由于该地区气候温和,雨量充沛,植物种属繁多,其天然草场中有许多品质优良的野生牧草品种,为郧巴黄牛提供了优良的草食资源。此外,该区域内有较多的回民居住,回民历来有饲养牛羊的习惯和丰富的饲养牛羊经验,具备了较好的草食家畜发展基础。

郧巴黄牛体格较大,肌肉较丰满,肉质细嫩、肉鲜味美,肌肉红色均匀,有光泽且有弹性,脂肪洁白,纤维清晰,牛肉品质优,营养价值高。

竹山大力发展牛肉产品深加工,开发了冷鲜牛肉、卤牛肉、牛肉干、牛肉丸等系列产品。积极培育郧巴黄牛专业合作社,走"公司＋基地＋农户"的发展道路,做大做强郧巴黄牛产业,使之成为享誉湖北省的优势品牌。

3. 黄冈大别山黑山羊

大别山黑山羊原称土灰羊、麻羊、青灰羊,是从中心产区当地的土种羊(土灰羊)中选择个体大、生长快、性情温驯的黑山羊留种而进行长期的自发选育而成。其体型高大,遗传性能稳定,具有生长发育快、育肥性能好、屠宰率和净肉率高、肉质好、膻味轻等优点,是农业农村部黑山羊种质资源保护对象。20 世纪 80 年代初,麻城市福田河镇畜牧兽医站开展了品种资源的挖掘,扩大了生产群体,命名为福田河黑山羊。而后,当地政府组织专家开展了黑山羊的选种选配工作,使黑山羊的生产性能及品质得以提高。

大别山黑山羊生活在大别山南麓的麻城、罗田一带,这里远离工业区,自然环境优美,森林植被面积占到了 90％,野生动植物资源丰富,是原生态的天然氧吧。黑山羊以纯放牧方式饲养,常年在山林草地和田头路边放牧,收牧后饮山泉水。优越的自然环境造就了大别山黑山羊特有的品质。

大别山黑山羊肌纤维细,硬度小,肉质细嫩,味道鲜美,膻味极轻,营养价值高,蛋白质含量在 22.6％以上,脂肪含量低于 3％,胆固醇含量低,比猪肉低 75％,比牛肉和绵羊肉低 62％,男女老少皆宜。以黑山羊为原料制作的"大别山黑山羊吊锅"成为当地代表性的佳肴。

2016 年 2 月,原国家质检总局批准对大别山黑山羊实施地理标志产品保护。

4.咸宁通城猪

通城猪又叫通城两头乌,属于华中两头乌中的一种,首尾为黑色,中间白色,狮子头,背腰多稍凹,四肢较结实,肉质鲜嫩,肉味鲜美。2011 年 12 月,通城猪荣获原中国农业部农产品地理标志认证,被列入国家农产品地理标志保护行列。2015 年,"通城猪"正式申报中国地理标志证明商标并成功注册。通城猪被原农业部列为仅有的国家级地方生猪资源优良品种,该猪的"标准相"还上了世界级权威的美国《遗传学》杂志封面,得到世界认可。

通城猪分布于湖北幕阜山低山丘陵地区的通城、崇阳、蒲圻、通山、咸宁、鄂州、大冶等地,以现在的通城县为主。据《湖北通志》记载,"通城人不轻去其乡",说明该县历来生产条件稳定,人民守土耕作,饲养畜禽。当地养猪不放牧,利用田埂地角、河溪沟边的野草和自产的红薯、荞麦、玉米、大豆、泥豆、糠麸、菜叶熟食圈养。用这种猪肉加工出来的火腿、腊肉、香肠及各种炒、烹、蒸、煮、油炸肉食品,很受消费者的欢迎。

二、禽类的清理加工

禽类原料主要是指鸡、鸭、鹅、鹌鹑、家鸽等,其宰杀清理加工的方法通常包括 4 个步骤,即宰杀和放血、烫水和脱毛、开腹、清洗内脏。

1. 宰杀和放血

宰杀鸡、鸭、鹅时,需用一个大碗放少量的食盐和清水盛血。杀时左手握紧双翅,将头倒翻,用左手拇指与食指捏住颈部,用右手拔去颈部准备下刀处的羽毛,用刀割断血管与气管。然后右手抓住头下垂,左手抬高禽身,使禽血流入碗内。待血滴尽后,搅拌禽血,使之凝结。

2. 烫水和脱毛

鸡、鸭、鹅完全断气以后,便可烫水、脱毛。烫水要掌握水温,水温太低则毛拔不出,太高则拔毛时易破皮,以"蟹目水"(指水沸之前鼎底开始起水泡)为宜。烫水时间由禽的种类及大小决定,一般在能顺利脱出大毛时即可取出。

禽类的清理加工还有一个重要的环节,就是脱毛,其方法有干脱和热水烫两种:①干脱,是指将禽类宰杀后,趁其身体温热将毛拔去,有时也可连皮一起剥去。②热水烫,人类在漫长的烹饪历史中总结发现,经热水烫过的禽类,脱毛变得更容易,这是因为热水能将表皮的毛孔打开。但是要注意,鸟禽皮薄,水温不能太高,60 ℃左右为宜。脱毛之后再根据烹制菜肴要求,开腹或开背取出内脏洗净。

3. 开腹

开腹一般先在嗉囊边划上一刀,取出嗉囊及气管。然后在肛门附近的禽腹割开一小口,用手指把内脏拉出。再剥去脚皮,斩掉爪趾、喙,切去肛门蒂头,洗净腹腔及表皮。

4. 清洗内脏

内脏包括肫、肝、肠、心。肫剖开后去除污物及黄色内壁,洗净。肝的旁边有一胆囊必须摘除。肠可用刀割开,用粗盐洗除黏液、污物,再用热水、清水反复漂洗,除去异味。

其他禽类原料如山鸡、水鸭的初步加工方法,与家禽类似。鸽子、鹧鸪、鹌鹑等小型禽类,其宰杀的方式略有不同,通常采用摔死的方法。

禽类的清理加工,还应该注意以下要领。

①放血的加工。

禽类的宰杀要求在较短的时间内操作完成,尽快使之气绝,最好一刀割断气管,使其血尽。若操作不力,则会延缓禽类死亡,血放不干净会使肉质颜色加深且腥气重,为下一步烹饪工序带来困难,甚至影响菜肴的风味。

②煺毛的加工。

根据禽类的老嫩及气温高低应作相应调整,控制好水温、水量与浸烫的时间。烫毛的水温一般是:老禽保持在 90～95 ℃;嫩禽保持在 70～85 ℃。水禽的羽毛所含油脂量高于陆禽,因此水禽烫毛前需用凉水进行预浸泡,根据原料的老嫩程度,调节泡水量的多少和时长,越老则用水量和浸泡的时间越多。在煺毛时,老禽要逆向煺毛,嫩禽要顺向煺毛。

③开膛加工。

禽类原料的开膛方式有肋开、脊开和腹开三种,开膛方式的选用主要和烹调要求相关,例如在制作烧鸡块或炒鸡片时,多用腹开的方式;在制作烤鸡或者烤鸭时,多采用肋开的方式;在制作清蒸菜肴时,因成品装盘时腹部朝上,采用脊开法可以掩盖刀口,较为美观。总之,开膛加工方式的选用,需要从成菜的角度出发,做到料尽如人意,应用多样。

④整理内脏。

整理禽类内脏可采用洗涤的方式,用于清除内部血污、黏液等杂质。禽类的内脏、羽毛、血液等均可留作后用,在整理时要注意收集,创造最大的经济效益。同时,在宰杀禽类时,尽量避免割破或损坏脏器体壁,造成浪费。

特色食材

湖北特色禽类如下。

1. 黄石阳新豚

阳新豚学名番鸭,又名西洋鸭,与一般家鸭同属不同种。1992 年,湖北省畜牧局陈大章、邓蔼祥、王志强、王秀芝等专家赴阳新考察后,一致认为阳新豚是一个具有独特性的地方品种。1998 年,在中央电视台播出时使用"豚"字,读 tún(阳新话为 tén)音。2017 年 6 月,原国家质检总局批准阳新豚为国家地理标志产品。

阳新豚在湖北阳新的养殖历史较久,相传因吃得多(当地称"屯得")而得名。这种家禽,是一种似鹅非鹅、似鸭非鸭的鸭科动物,体重比鸭大比鹅小。羽毛以白色为主(部分为黑白花色),喙色鲜红或暗红,头部两侧和颜面有红色或赤褐色皮瘤,体躯略扁,胸部丰满,翅大而长,腿短粗壮,趾爪硬而尖锐,蹼大肥厚呈黄色。白条豚,皮肤呈黄色,皮薄骨细软,皮下脂肪少,呈黄色,肌肉深红色,富弹性。食法与鸭、鹅同,一般多煨汤,烹后汤色浓黄,香味浓郁。

阳新豚全身都是宝,肉质细嫩,汤香肉甜,鲜美可口,既是佳肴珍品,又具有一定的食疗价值。

2.荆州松滋鸡

松滋鸡源于湖北省江汉平原上的柴鸡(又称土鸡),是地方经过三百余年培育出来的优良种鸡,因其遍布于江汉平原而得名江汉鸡,又因其羽毛多为麻色,也叫麻鸡。麻鸡产蛋量高,民间流传有"黑一千,麻一万,粉白鸡子不下蛋"的谚语。

松滋鸡属于地方良种土鸡,是蛋、肉兼用型鸡种,体型矮小,身长胫短,母鸡头较小,公鸡头较大,外貌清秀,性情活泼,善于觅食。

松滋地处丘陵,山地资源丰富,农民利用荒坡、竹林、果园、庭院散养土鸡的历史悠久。鸡群在竹园、丛林躲阴避寒,食山间虫草,饮天然溪水,故体壮肉实,无污染。用以烹制菜肴,其汤汁浓郁,肉感鲜嫩爽滑,香韧耐嚼,油而不腻。以当地这种土鸡制作的"松滋鸡",不仅成为风靡全国的美食,甚至发展成为一个新的餐饮产品业态。如今,在武汉市乃至全国许多城市,到处都有"松滋鸡"的品牌。"松滋鸡"已成为荆州乃至湖北一张靓丽的美食名片。

2016 年,"松滋鸡"获批国家地理标志证明商标。2018 年 7 月,松滋鸡获批实施农产品地理标志登记保护。

3.荆州洪湖野鸭

野鸭古称凫,又称水鸭、蚬鸭。狭义上指绿头鸭,广义上则包括多种鸭科禽类。

洪湖是湖北省最大的淡水湖,其良好的湿地环境和丰富的湿地资源,是湿地水鸟重要的栖息地、越冬地和繁殖地。洪湖得天独厚的生态环境使迁徙来的野鸭久久不愿离去,丰富的饵料资源使得成群结队的野鸭聚集在洪湖栖息、繁殖、安营扎寨,使野鸭的种群数量日益增多。"四处野鸭和菱藕"的壮观湖景,装点了洪湖,使得这里的野鸭成为湖北著名的地方特产。2013 年,洪湖野鸭获批实施农产品地理标志登记保护。

洪湖民间素有"九雁十八鸭,最佳不过青头与八塔"之谚。以"青头鸭""八塔鸭"为代表的特种洪湖野鸭,是烹制湖北名菜红烧野鸭的最佳食材。

洪湖野鸭肉质细嫩、美味可口,蛋白质含量高,脂肪含量低,胆固醇低,富含人体必需的氨基酸、脂肪酸和矿物质,没有鸭腥味,是优质的保健禽肉食品。

在洪湖,人们通常采用"以鸭养鱼"的立体种养模式,即在水面上放养野鸭,让它们在水中捕食鱼虾等水生生物,而鸭粪则可以滋养水中的浮游生物和底栖生物,从而促进鱼类生长。这种生态循环农业模式不仅提高了水资源的利用率,也减少了农业废弃物的排放,有利于保护环境和生态平衡。

总的来说,洪湖野鸭是一种具有独特品质和生态价值的特色农产品,它不仅是美食原料,还为当地的农业发展和生态保护做出了贡献。

4. 十堰郧阳大鸡

郧阳大鸡原名竹山大鸡,俗称三黑鸡(腿黑、嘴黑、皮黑),系我国秦岭以南,巴山地区的优良品种,属蛋肉兼用型,因主产于秦巴山区余脉的竹山县境内,故又称为竹山郧阳大鸡,是竹山土鸡的代表和特有的地方优质品种。

郧阳大鸡的形成由来已久,相传是明代武当山古刹的司晨鸡(一说斗鸡),由远近香客带出,流传于民间,与当地鸡种杂交,后经群众长期选育和驯化而成。郧阳大鸡原来在竹山称为"打鸡",该品种于 1959 年在竹山和神农架林区首先被发现,后经省、市、县多方考证,"打鸡"实为"大鸡"的地方谐音。1982 年 5 月,全国畜禽品种志专家组将竹山"打鸡"正式命名为郧阳大鸡,并于 1985 年收录于《湖北省家畜家禽品种志》,成为湖北省优良的畜禽地方品种的代表。2014 年 4 月,竹山郧阳大鸡获原国家质检总局批准为国家地理标志保护产品。

郧阳大鸡具有个体大、生长快、性温驯,以及产肉、产蛋性能好等特点。用郧阳大鸡煨汤,鲜香醇厚,营养丰富,是当地妇女产后滋补养生佳品。卤制的郧阳大鸡,色泽酱红,鲜美爽口,是深受当地民众欢迎的特色美食。

第五节 干制原料的初步加工

干制原料是烹饪工艺中一种重要的主料,有时也可作为配料。中国的干货资源比较丰富,水果、蔬菜、粮食、海产品等都可制成干货。有些干货可以直接食用,例如红枣、杏脯等;而有些干货需要通过涨发,使原本脱水的细胞组织重新吸水,以达到质感蓬松、口感柔嫩的状态。干货的涨发有一定的规律,掌握其操作工艺是烹饪者必要的基本功之一。通过本小节的学习,可以了解干货的种类和涨发运行机理,以实现多种干货的有效涨发,为烹饪成菜增效。

一、干制原料介绍

1. 干制原料的定义

干料又称干货,是指植物原料和动物原料经过脱水工艺,使其细胞失去活性而成的原料。

由于干料的细胞处于脱水的状态,酶的活性被抑制,因此表现为外形干缩、质感紧密、表面摸上去发硬、折而不易断等特点。干料的化学成分与鲜活原料相比,营养成分种类基本保持不变,但含水量少。干料的水分含量通常处于较低的水平,一般在 15% 以下。在肉干加工行业中,水分通常被控制为 15%～25%。这有助于保证肉干的口感和品质。

然而,这只是一个一般性的指导,具体的水分含量可能因原料的种类、加工方法以及所在地区的气候条件等因素而有所不同。例如,在北方的气候下,由于空气较为干燥,晾晒的肉干水分含量可能会相对较低,而在南方则可能相对较高。

2. 脱水原理及方法

脱水的原理:①新鲜动植物原料细胞中含有较多水分,微生物在其内部繁殖迅速,因此不易贮存。其与空气接触后极易滋生细菌,容易导致原料腐败变质。②原料中的分解酶,在水分较大的情况下,会加速原料的自溶腐败,不利于保管和运输,从而造成原料浪费。

脱水干制的方法有以下几种:

①晒:利用阳光辐射,蒸发水分,杀菌防腐。

②晾:将原料置于阴凉、通风、干燥处。

③烘:使用烘箱、烘房等烘干原料。

3. 干制原料的意义

干制原料的意义如下:

①降低食物原料中的水分含量,从 50%～90%降至 15%以下,从而导致食物原料的体积和重量减少,节省包装、储运的成本。

②食物原料经过干制造,可延长其保质期,便于贮藏。

4. 干制原料的种类

干制原料可分为以下几类:

①动物性陆生干货制品,是指将陆生饲养的畜类、禽类动物的某些部位,经脱水干制而成的食物原料。这类原料品种不多,但有些在高档宴席却占有一席之地,例如蹄筋、雪蛤、裙边等。

②动物性水生干货制品,指以鲜、冻动物性水产品为原料,添加或不添加辅料,经干燥工艺而制成的不可直接食用的干制品,包括鱼类干制品、虾类干制品、贝类干制品和其他水产制品等。

③植物性陆生干货制品,指以陆生植物脱水干制而成的原料,如冬笋干、发菜等。

④植物性水生干货制品,指以湖泊或者海洋中的水生植物脱水干制而成的原料,如海带、石花菜、莲子、紫菜等。

5. 干料的品质鉴别基本标准

干料品质鉴别标准如下:

①挑选表面干爽、无霉烂点的原料。

②挑选形状整齐、个头均匀完整的原料。

③挑选无虫蛀、无杂质且有色泽的原料。

二、干制原料初步加工的阶段和基本要求

1. 干制原料初步加工的阶段

干制原料的涨发加工通常分为三个阶段:

①预发加工阶段。

预发加工是指干料在正式涨发前的一系列操作,例如浸洗、烘焙和烧烤等,有时还需要对原料的外形进行修整。预发加工是为原料的膨胀提供条件,扫清障碍。

②中程涨发。

中程涨发指的是干料完成基本涨发的过程，经过这一阶段，干料已由原来干、老、韧的形态变成了疏松、柔嫩、饱满的质态，这个阶段是整个涨发过程中最关键的，干料的特定品质在这一阶段被确立。这个阶段主要使用的方法有蒸、浸、炸、煮、焖、泡、盐发等。

③涨发后程。

涨发后程是指涨发过程的最后阶段，干货的膨胀过程结束，原料品质达到烹饪的要求，形态柔软有弹性。这个时候，烹饪者可对原料作进一步处理，将其洗涤干净、去除杂质。

2.干料涨发的基本要求

①熟悉干制原料的产地和品种性质。
②能鉴别原料的品质性能。
③掌握涨发的各种方法，根据原料性质的不同，正确操作。
④掌握干料涨发的成品标准。

三、干制原料初步加工的方法

涨发方法基本可分为水发、碱发、热膨胀涨发、混合涨发和火发等，虽然用到的涨发介质不同，但各法的最后一步都需要通过水的浸泡实现，因为涨发的目的是让原料失水的细胞重新吸收水分。依据助涨发介质的不同，干料涨发可以分为以下几类。

（一）水发法

1.水发法的定义和种类

水发法是用不同温度的水，通过浸、煮、焖、蒸、泡等方法使干制原料重新吸收水分，尽量恢复成原有状态，达到涨发目的的方法。水发法的工作原理是利用水的渗透作用，使原料细胞吸收水分，从而质地恢复柔软。水发法的应用范围很广，除了黏性油分含量高、表层胶质厚重的原料外，其余原料均可使用此法。水发法又可根据水温的不同，分为冷水发、温水发和热水发三种。

①冷水发：把干制原料浸透在冷水中，使其自然吸收水分，尽量恢复到新鲜时的状态。冷水发法通常适用于涨发体积较小、质地较嫩的干货。
②温水发：速度比冷水发快。适用于银鱼、粉条、雪蛤、发菜等。
③热水发：把干制原料放在沸水中，经过反复加热，促使原料迅速吸收水分，成为松软嫩滑状态的方法。

热水发又分为煮发、泡发、焖发与蒸发等。热水发适用于绝大多数的陆生和水生动物干制品。具体而言，煮发适用于体厚、坚硬、腥膻味较浓的干料，如大鱼翅、海参、牛蹄筋、鱼皮等。焖发是将干料煮发后焖制。蒸发可保持原料鲜味、形状，适用于干贝、燕窝、驼峰、鹿尾等材料。泡发是将干料装入容器中，倒入开水浸泡。

2.影响水发法的因素

①干料的性质。

干料通常经过高温烘干，除去了原料细胞中大部分的水分，通常干制原料的水分含量在15%以下。干料的蛋白质变性严重，淀粉严重老化，质地摸起来变得牢固而坚硬，正是这种特性使得干料易于储存。干料由于形状稳定，大部分不能直接作为烹饪的原料，需要涨发加工处理后才可食用。

②溶液的温度。

有些干制鱼类原料在冷水中不易涨发,升高水温即能实现涨发。温度能影响水发干料的原因是:一是高温作用能使原料的组织结构发生改变,减少细胞间的致密程度,便于水分吸收;二是水温升高可以加快水分向干料内部的传递速度,缩短涨发时间。

③涨发时间。

干制原料在水中浸泡的时间越长,含水量就增加得越多,复水率就越高。复水率的计算方法是:复水率＝复水后沥干的原料质量/干制原料质量。水发的时间与烹饪要求的复水率及复水速度有关,而复水速度又取决于原料的性质和水温,在一定复水率和水温条件下,老、硬、韧的干料需要水发较长的时间,小、嫩、软的干料需要的水发时间则可短些。

(二)碱发法

1. 碱发法的定义

碱发法是将干制原料置于碱溶液中进行涨发的方法。碱发水按配制方法不同可分为生碱水、熟碱水和火碱水。

①生碱水:其操作方法是将 10 kg 冷水(秋冬可用温水)加入 500 g 的碳酸钠中,将两者搅拌混合,溶化后的溶液就是 5% 的生碱水。根据不同的烹饪需要,还可适量调节浓度。

②熟碱水:其操作方法是在 9 kg 开水中加入 350 g 碳酸钠和 200 g 石灰,搅拌均匀,待其冷却后,取溶液沉淀后上层清液,用于干料涨发。需要注意的是,在配制熟碱水的过程中,碳酸钠和石灰混合会发生化学反应,生成物为氢氧化钠。氢氧化钠为强碱,碳酸钠为弱碱。用熟碱水涨发干货的效果比用生碱水涨发效果好。

③火碱水:其操作方法是在 10 kg 冷水中加入 35 g 氢氧化钠,搅拌均匀即得到火碱水。氢氧化钠为白色固体,极易溶于水,溶解时放出大量的热,它的腐蚀和脱脂性非常强。因此,配制溶液的浓度一定要掌握好,取用时必须十分小心,不能直接手取,以免灼伤皮肤。

2. 碱发的工艺原理

干制原料的内部结构是以蛋白质分子相联结搭成骨架,形成空间网状结构的干胶体,其网状结构具有吸附水分的能力,但由于蛋白质变性严重,空间结构歪斜,加之表皮有一层含有大量疏水性物质(脂质)的薄膜,所以在冷热水中涨发,水分子难以进入。如果把干制原料在碱水中浸泡,一方面碱水可与表皮的脂质发生皂化反应,使其溶解在水中。泡胀的表层具有半透膜的性质,它能让水和简单的无机盐透过,进入凝胶体内的水分子即被束缚在网状结构之中。另一方面原料处在 pH 值很大的环境中,蛋白质远离等电点,形成带负电荷的离子,由于水分子也是极性分子,从而增强了蛋白质对水分子的吸附能力,加快水发速度,缩短涨发时间。

(三)热膨胀涨发法

1. 热膨胀涨发法工艺的分类

热膨胀涨发法工艺分为盐发法和油发法。

①盐发法。盐发法是将干制原料置于大量粗盐中,升温加热,高温将水气化挥发,使细胞中形成孔洞结构,此时干料体积增大膨胀,便于水分进入,然后再进行复水涨发的方法。盐发法需要使用大颗粒结晶的粗盐。

②油发法。油发法是将干料置于油中,通过加热升高油温使物体内部的水分蒸发,细胞间形成孔洞结构,而使其膨松涨大,最后进行复水涨发的方法。油发的过程可分为低温油焐制阶段、高温油膨化阶段、复水阶段。

油发法主要是将干料放在适量的油中炸发,具体操作时必须注意:一是用油量要多;二是检查原料的质量;三是控制油温;四是涨发后除净油腻。

2. 热膨胀涨发法的工艺原理

热膨胀涨发法的工艺原理是在外界压强不变的情况下,通过升高温度,结合水变成自由水,使原料体积增大,组织结构膨胀松化形成孔洞,再通过浸泡在水中使其复水,成为可用于烹饪制作的原料半成品。

（四）混合涨发法

混合涨发法即用两种或两种以上的涨发介质共同作用,使干制原料成为可供烹饪加工食材的制作方法。混合涨发法的特点是,不同性质的介质,如水和油,同时用于干制原料的涨发,又叫油水混合发制法,属于一种新工艺。目前仅用于少数原料的加工,如蹄筋、鱼肚等。

水油混合式涨发工艺的工作原理是:在同一敞口容器中注入等量水和油,水的密度大则位于容器下半部,油因密度小而位于容器上半部。将电热管水平放置于油层中间,干制原料置于油层中油炸。油水界面处设置水平冷却器,用以对水进行冷却,将水油分界部分的温度控制在 55 ℃以下。干制原料在油层中炸制的残渣会从上层落下,积于底部温度较低的水层中,残渣中所含的油经过水层分离后又返回油层,落入水中的残渣将会随水排出。混合涨发法相比油发和水发的优势在于,油发虽然膨胀效果好,但出料率不高;水发虽操作简单,但成品口感绵软,没有嚼劲;混合涨发法能很好地规避前两种方法的缺点。

（五）火发法

火发法是将干制原料用火烧或烤,使其外皮焦化,然后用刀刮去焦层,再经过水浸、滚、煨等方法,使之回软、膨大的方法。凡是表皮有砂僵皮的干制原料,均可使用此法,如黑参、刺参、螺纹参等。火发法不能直接使原料膨胀,因此,属于一种预发加工方法。

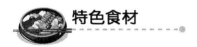 **特色食材**

湖北特色干货原料如下。

1. 荆门风干鸡

荆门风干鸡又名刘皇叔婆子鸡,是湖北省荆门市沙洋县十里铺镇的传统名吃。这种鸡易保存又不失新鲜、醇香、软嫩,老少皆宜,深受当地老百姓喜爱。相传孙权为联合刘备拒曹,将妹妹孙尚香嫁给了刘备,并将刘备夫妇安置在荆州城外的十里铺,因为刘备最爱吃鸡,孙尚香为满足刘备的喜好,发明了许多种做鸡的方法,其中冬天腌制的风干鸡最为刘备喜爱,行军打仗时又便于携带,风干鸡的腌制方法在民家流传,成为宴席上人们最爱吃的一种佳肴。

2. 湖北腊鱼

湖北腊鱼是一道美味可口的传统名菜,属于楚菜系。此菜风味不同于湖南腊鱼,湖北腊鱼味道偏咸,在制作的时候并没有多放佐料,只是加盐和适当的料酒。

腊鱼既可油煎,亦可蒸制。①油煎:将腊鱼斩成 3 cm 长的块,放入油锅中煎至两面金黄,然后放入适量酱油、蒜苗翻炒,兑入少量清水,盖锅小焖一会,即可装盘食用。②蒸制:取未食用完的腊鱼块,和入即将蒸熟的饭中,蒸热即可。此方法食用,腊鱼口感糯软,滋味依旧。

湖北腊鱼宜在开春前制作。由于没有采用熏制的办法,相比腊货中的其他品种,腊鱼不宜存放较长时间,一般春耕前后吃完,以免发霉。

3.房县黑木耳

房县黑木耳是湖北省房县特产,为中国国家地理标志产品。

房县位于湖北省西北部、十堰市南部,介于大巴山和武当山之间,是中国著名的黑木耳生产基地县、"木耳之乡"。房县黑木耳因色鲜、肉厚、朵大、质优、营养丰富,赢得"房耳"盛誉。

新鲜的房县黑木耳呈胶质状,半透明,深褐色,有弹性;干燥的黑木耳为角质,背面绒毛短而少,暗灰色,耳面黑褐色,平滑有光感。房县黑木耳形似燕,状如飞,多为二片丛生;肉厚,耳片厚 1.7 mm 左右,厚度是普通黑木耳的 2 倍;个大,直径一般为 10～12 cm;胶质厚,胶质含量占耳片质量的 90% 以上。房县黑木耳以花栎、麻栎等主要树种做段木,采用优育菌种人工点菌,在自然条件下生长而成,充分利用房县独特的自然环境,营养丰富,风味独特。

4.房县小花菇

房县小花菇,是正宗的房县土特产。2009 年被原农业部认定为国家农产品地理标志产品,2013 年入选中国欧盟地理标志互认证名单。房县位于神农架和武当山交界地带,处在专家所说的食用菌生产"黄金线"上,是全国闻名的"耳菇之乡"。房县年均气温 15 ℃ 左右,年日照时数长达 2000 小时,雨热同季,年降雨量 1000 mm 左右,空气潮湿,多漫射光,常年云雾缭绕,气温昼夜温差可达 10 ℃ 以上。境内山野溪水及地下温泉水资源丰富,水质优良无任何污染,富含各种矿物质。

房县小花菇生长于海拔 180～2485.6 m 的深山中,充分利用了房县独特的气候、光照、空气湿度、温差、水及栓皮栎、麻栎等壳斗科树种等自然资源。菇农将适宜本地栽培的优良菌种接种至段木上,经野外天然发酵菌丝,在自然条件下生长子实体。受昼夜温度差、湿度差悬殊的影响,小花菇表面细胞停止分裂生长,内部细胞继续生长,将菇盖表皮胀破开裂,形成龟纹形或菊花形花纹,成就了房县小花菇"外形圆整、肉厚、龟裂纹深、柄短、口感爽滑细嫩、香味浓郁"的独特品质。

房县小花菇的顶面呈淡黑色,菇纹开暴花,白色,菇底呈淡黄色。花菇因顶面有花纹而得名。天气越冷,小花菇的产量越高,质量也越好,肉厚、细嫩、鲜美,食之有爽口感。

小花菇有多种吃法,在本地菜肴中,小花菇炖鸡最为美味。具体做法是:将鸡洗干净,切成左中右三大块备用;生姜切片,小花菇泡发好;把鸡放入深汤锅,放入生姜、小花菇,倒入料酒、水,大火煮开,转中火煮 20 分钟左右;用筷子戳一下鸡肉,能轻松插入说明鸡肉已经熟了;放入适量盐调味,用枸杞增色,再用中火煮 5 分钟入味,即可食用。

第三章 原料分解和切割工艺

 学习目标

通过本章内容的学习,使学生能够了解动植物原料的分解工艺程序,熟悉运用各种刀具对原料切割分解加工的具体方法,基本掌握对动物原料胴体和植物原料整体的分解加工技术,深刻理解和把握分解加工操作的规范和标准。

本章导读

动植物原料经过挑选和清理加工后,理论上来说已经达到可直接用于烹饪加工的要求,例如,禽类动物被宰杀后可以直接加热制熟,整禽成菜后即可食用。但是,体型较大的畜类动物,比如牛、猪、羊等,如果不经过分解,一方面对制熟加工带来一定的困难;另一方面,因原料体积过大,很难受热均匀,制作加工的时间相当漫长,人们食用起来很不方便,更不能满足配餐多样性的需要。所以,烹饪工艺中对原料进行有目的、有规则地切割分解是有一定要求的。

分解加工后的食物原料,从体积上由厚到薄,从外形上由粗糙到精细,原料被有规则地切割成不同类型的部件,从而有效地缩短烹制菜肴的时间,还可方便人类取食与咀嚼消化,利于入味等。分解工艺能从多方面发挥食物原料的优良性,扩大原料的使用面,满足人们对菜肴多样性的需求。本章的学习内容主要包括分解工艺、切割工艺等。

第一节 分 解 工 艺

分解工艺在烹饪中发挥着重要的作用,它可以使食材更容易烹制和调味,同时也有助于食材的造型和美化。分解工艺的主要作用如下。

1. 便于烹制和调味

分解工艺可以将大型食材分解成较小的部分,如将整只鸡切成鸡胸肉、鸡腿和鸡翅等部分,这样可以更容易地烹制和调味。此外,分解工艺还可以改变食材的质地,使其更容易熟成。例如,将猪肉切成薄片后可以更快地煮熟。

2. 便于造型和美化

分解工艺可以将食材切成各种形状,如丝、片、丁、块等,从而增加菜肴的美观度和吸引力。例如,黄瓜可根据需要切成薄片,也可切成丝状,使菜肴更加美观。

一、分解加工的流程

分解加工的标准流程是:准备工作→清洗/控水→切配/成品→清理现场。

①准备工作:准备原材料、刀具等,规定刀法要求和切配顺序及数量。

②清洗/控水:切配前先清洗原料,清洗后装菜筐控水,清洗完成后应及时清理水池。一般情况下,动物原料和植物原料要分开清洗。

③切配/成品:按照菜品的刀法要求进行切配加工,切配成品用干净的指定周转筐盛装,如有水渗出则应加托盘控水。原料及切配成品装盘须整齐摆放。

④清理现场:原料分解完毕,应及时清理砧板、砧板架、刀具、操作台面等,将用具摆放到指定位置并进行清理,以保持环境卫生,避免原料被污染。

二、分解加工的方法

1. 畜类的分解

①猪肉部位的分解。

精肋排:其特点是除去了多余的大骨,排骨上面的肉包裹均匀饱满,是猪身上最好的排骨,所以这样的排骨通称精肋排,通常在所有排骨中价格也是最高的。常用于制作糖醋排骨、香酥排骨等。

前排:又称小排,同时也分为无颈前排和带颈前排。前者是去了颈骨的部分,后者为保留颈骨的部分。因为前排位置靠近猪颈部,骨骼相对粗大,肉质较细嫩,通常是煲汤和红烧的原料。

大排:又称中排,因地域差别各个地方叫法不一。大排位置在猪腹腔部位,肉质鲜嫩,适用于大部分菜肴,尤其是煲汤、蒸菜,如:排骨藕汤、粉蒸排骨等。

一字排:又称大排,因其好似一根一根的柱子,外形工整极具看相,很受人们欢迎,所以价格也较其他部位贵不少。一字排可用于煲汤、炸、炒、蒸等。

后香拐:位于猪后腿,肉质紧致、骨油较多,非常适合煲汤。后香拐搭配白萝卜或粉藕煨制,成品汤肉紧致且鲜美,老少咸宜。

后棒骨:也叫筒子骨、棒子骨,是从后香拐里分割出来的直骨,其骨形似一根棒子,较粗壮,里面含有很多骨髓,营养丰富。筒子骨不仅可以单炖,还可以搭配很多菜肴一起煲汤。后棒骨适用于煲汤、红烧。

前香拐:是猪前腿里分割出来的,类似后香拐,区别在于一个长在猪前腿上;一个长在后腿上。不过前香拐的油水比不上后香拐,有时商家会把扇子骨带前香拐一起销售,相比之下后香拐比前香拐更具性价比。前香拐较适用于煲汤。

前棒骨:也称筒子骨,前棒骨就是从前香拐上面分割出来的,类似后棒骨,前棒骨的价格没有后棒骨高。

扇子骨:与前香拐紧密相连,这部分骨头单独销售的价格比较便宜,因其骨上肉质较少,食用价值不高。

月亮骨:又称脆骨。月亮骨是猪身上最大的一块脆骨,是扇子骨上分割出来的部分。很多人都喜欢吃脆骨,适用于烤、炸、烧、炒等,其营养价值也很高,含钙量高。

蹄髈:也称肘子,蹄髈是猪腿上面分割出来的部分,肘子的肉质紧致软糯,制作方法很多,代表菜肴有东坡肘子、虎皮肘子等。挑选蹄髈时,最好选用后蹄髈,因其肉质更为软糯。

脊骨:也称龙骨,是猪身上的脊椎骨,营养价值也很高,最适合用来煲汤。

腱子肉:是后蹄髈上分割出来的肉,肉质紧致、皮软糯,最适合红烧、卤制,但是腱子肉不适合炒,其炒制后肉感较老,口感不好。

带皮后腿肉:是从猪后腿上取下的肉,适合炒制,市面上比较常见。适用于腌制腊肉、炒制成菜等,代表菜有回锅肉、盐煎肉、小炒肉系列等。

带皮二刀肉:猪后臀尖的肉。二刀肉与后腿肉相连,因其成型更好,更容易制作成多式菜肴,因此价格高于后者,适合做多式菜肴,代表菜有回锅肉、腌制腊肉、蒜泥白肉等。

五花肉:也称三线肉,顾名思义,能看见三条线(指肥肉和瘦肉相间,所呈现出来的三条线),五花肉是烹饪工艺中的全能型原料,适用于多种菜肴的制作。代表菜有烧白、东坡肉、蒸肉、炸酥肉、腌制腊肉、红烧肉等。

腰柳:腰柳也称背柳,长在脊骨上。猪身上的腰柳产量很少,一头猪仅能取两小根,所以价格较高。腰柳是猪身上瘦肉里最嫩的部位。

里脊肉:最常见的一种瘦肉,其特点是整洁易处理、肉质鲜嫩。里脊肉适用于大部分的菜式,其另外一个优点是切割较易,方便处理。代表菜有糖醋里脊等。

②牛肉部位的分解。

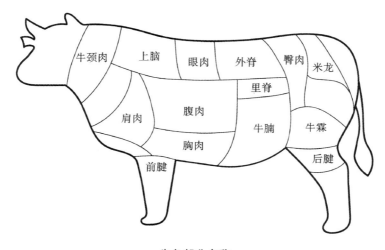

牛各部分名称

牛颈肉:肥瘦兼有,肉质干实,肉纹较乱。适宜制馅,比嫩肉部分出馅率高15%,做牛肉丸不错。

肩肉:由互相交叉的两块肉组成,纤维较细,口感滑嫩。适合炖、烤、焖,代表菜有咖喱牛肉。

上脑:肉质细嫩,容易有大理石花纹沉积。上脑脂肪交杂均匀,有明显花纹。适合涮、煎、烤等。

胸肉:在软骨两侧,主要是胸大肌,纤维稍粗,面纹多,并有一定的脂肪覆盖,煮熟后口感较嫩,肥而不腻。适合炖、煮。

眼肉:一端与上脑相连,另一端与外脊相连。外形酷似眼睛,脂肪交杂呈大理石花纹状,肉质细嫩,脂肪含量较高,口感香甜多汁。适合涮、烤、煎。

外脊:又称西冷或沙朗,是牛背部的最长肌,肉质为红色,容易有脂肪沉积,呈大理石斑纹状。我们常吃的西冷/沙朗牛排就是用这块肉制作而成。比起菲力,沙朗牛排操作起来的容错率要稍微大些,因为有脂肪,所以煎、烤起来味道更香,口感也很好。

里脊:也称生柳或菲力,是牛肉中肉质最细嫩的部位,大部分都是脂肪含量低的精肉。常用来做菲力生排及铁板烧菲力牛扒,其原料对操作要求比较高,火候多一分则口感较柴,所以菲力牛扒一般都在三至五成熟,以保持肉的鲜嫩多汁。

臀肉:也称米龙、黄瓜条、和尚头等。其肌肉纤维较粗大,脂肪含量低。只适合垂直于肉质纤维切丝或切片后爆炒。

牛腩:肥瘦相间,肉质稍韧。但肉味浓郁,口感肥厚而醇香。适合清炖或制作咖喱牛腩。

腱子肉:分前腱和后腱,熟后有胶质感。适合红烧或卤制,代表菜为酱牛肉。

2. 禽类的分解

①禽类部位名称及烹饪应用。

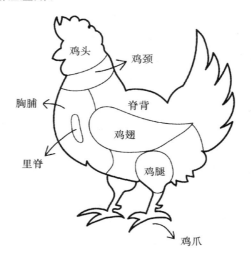

鸡各部分名称

现以鸡为例进行介绍。鸡可分成脊背、鸡腿、胸脯和里脊、鸡翅、鸡爪、鸡头、鸡颈七个部分。

脊背:鸡脊背两侧各有一块肉,俗称栗子肉,这两块肉老嫩适中,无筋,常用于爆、炒等烹调方法。

鸡腿:骨粗、肉厚、筋多、质老,适用于烧、扒、炸、煮等烹调方法。

胸脯和里脊:鸡胸脯去骨后是鸡全身最厚、最大的一块整肉,肉质较嫩,筋膜少,可加工成丝、丁、条、片、茸等形状,适用于炸、熘、爆等烹调方法,用途较广。鸡里脊又称鸡柳、鸡芽,与鸡胸脯相连,去掉暗筋后是鸡全身最细嫩的一块肉,用途与鸡胸脯肉基本相同。

鸡翅:鸡翅又称凤翼,广式菜肴中常用,其肉少而皮多,质地鲜嫩(俗称活肉)。可带骨煮、炖、焖、烧、炸、酱等,代表菜有冬菇鸡翅汤、清炸凤翼等;也可抽去骨烹制荔枝鸡球、银针穿凤衣等菜肴。

鸡爪:又称凤爪,皮厚筋多,含胶原蛋白丰富,皮质脆嫩,可带骨用于制汤或酱、卤、烧;也可煮后拆去骨头拌食,别具风味,如椒麻凤爪。

鸡头:骨多、肉少,含胶原蛋白丰富,一般用于制汤、煮、酱等。

鸡颈:皮下脂肪丰富,有淋巴(应去净),皮韧而脆,肉少而细嫩,可用于制汤、煮、卤、酱、烧等。

②禽类的分解工艺。

家禽的整料去骨就是将整只家禽剔去其主要骨骼,仍保持其完整外形的一种加工技法。家禽整料去骨要求如下:

一是必须精选原料。必须选用肥壮多肉、大小老嫩适宜的家禽。例如:鸡应当选择1年左右尚未产蛋的肥壮母鸡;鸭应当选择8~9个月的肥壮母鸭。家禽如太嫩、太瘦,脂肪不足,出骨时易破皮,烹制时皮也容易裂开;如果太老,肉质比较坚实,烹制时间短就不易酥烂,烹制时间长肉虽酥烂,但皮又容易裂开。所以都不宜选作整料去骨的原料。

二是初步加工必须符合整料去骨的要求。鸡鸭褪毛时,泡烫的水温不宜过高,烫的时间不宜过长,否则出骨时皮容易破裂。鸡鸭在初加工时不可剖腹取内脏,内脏可待整料去骨时随躯干骨一起取出。

三是去骨时下刀准确,刀刃贴着骨骼运行,不能碰破外皮。去骨时不可破损外皮,否则将有损外形的完整与美观。操作中,刀刃应紧贴骨骼运行,使骨不带肉、肉不带骨,既可避免肉的损耗,又可使原料形状丰满、美观。下刀部位必须正确,否则将影响去骨及形态的美观。

③整鸡去骨的方法与步骤。

第一步,划开颈皮,斩断颈骨。在鸡颈和两肩相交处,沿着颈骨直划一条长约6 cm的刀口,从刀口处翻开颈皮,拉出颈骨,用刀在靠近鸡头处,将颈骨斩断,需注意不能碰破颈皮。

第二步,去翅骨。从颈部刀口处将皮翻开,使鸡头下垂,然后连皮带肉慢慢往下翻剥,直至前肢骨的关节露出后,可用刀将连接关节的筋腱割断,使翅骨与鸡身脱离。先抽出桡骨、尺骨,然后再抽翅骨。

第三步,去躯干骨。将鸡放在砧墩上,一手拉住鸡颈骨,另一手拉住背部的皮肉,轻轻翻剥,翻剥到脊部皮骨连接处,用刀紧贴着背脊骨将骨割离。再继续翻剥,剥到腿部,将两腿向背部轻轻扳开,刀割断大腿筋,使腿骨脱离。再继续向下翻剥,剥到肛门处,把尾椎骨割断(不可割破尾部皮),这时鸡的骨骼与皮肉已分离,随即将躯干骨连同内脏一同取出,将肛门处的直肠割断。

第四步,抽出腿骨。将腿骨的皮肉翻开,使大腿关节外露,用刀绕割一周。割断筋腱后将大腿抽出,拉至膝关节处时,用刀沿关节割下。再在鸡爪处横割一道口,将皮肉向上翻,把小腿骨抽出斩断。

第五步,翻转鸡肉。用水将鸡冲洗干净,要洗净肛门处的粪便,然后将手从颈部刀口处伸入鸡胸直至尾部,抓住尾部的皮肉,将鸡翻转,仍使鸡皮朝外,鸡肉朝里,在形态上仍成为一只完整的鸡。如在鸡腹中加入馅心,经加热成熟后,将十分饱满、美观。

3. 鱼类的分解

①棱形鱼类的出肉加工。

鱼体外形如织梭的鱼类称为棱形鱼类,如黄鱼、鳜鱼、鲤鱼、青鱼等。以黄鱼为例,先将黄鱼放在砧板上,鱼头朝外,腹向左,用左手按着鱼,右手持刀,从背鳍处贴脊骨,从鳃盖到尾将鱼剖开,然后贴着脊骨下刀,将一面鱼肉取下。再贴着脊骨下刀,将另一面鱼肉也取下,最后将鱼肉缘及腹部的刺去净,并将皮去掉。这类鱼肉厚刺少,适用于加工成丝、丁、条、片、茸、粒等各种形状,用炸、熘、爆、炒等烹调方法烹制各种菜肴。

②长形鱼类的出肉加工。

长形鱼类一般呈长圆柱体,如海鳗、鳝鱼、鳗鲡。这类鱼的脊骨多是三棱形的。海鳗和鳗鲡出肉加工一般采用生出肉加工的方法。鳝鱼则有生出肉加工(生出)和熟出肉加工(熟出)两种。

鳝鱼的生出肉加工:将鳝鱼宰杀放尽血后,左手捏住鱼头(最好用钉子将头部钉住),右手将小尖刀从颈口处插入,由喉部向尾部剖开,取出内脏,然后去掉全部脊骨即可。生出的鳝鱼肉俗称为鳝背。

鳝鱼的熟出肉加工:通常也称划鳝丝。因鳝鱼的骨骼是三棱形的,所以一般划法均是沿脊骨划三刀,使骨肉分离。具体操作方法:将鳝鱼泡烫后,先划鱼腹,将鱼头向左、尾向右、腹向里、背向外,放在案板上,左手捏住鱼头,在颈骨处用大拇指紧掐主骨,撬开一个可以看到鱼骨的缺口;右手将划刀插入缺口,直到刀尖碰到砧板,刀刃紧贴脊骨,用刀向尾部划去,再将鳝鱼翻身,背部向下,划刀紧贴一侧,肉与骨分离。然后再将鱼侧过去,使背部另一侧肉与骨分离。

4. 蟹类的分解

蟹的出肉加工又称为拆蟹肉。方法一般是熟出,即先将蟹蒸熟或煮熟,然后掀开蟹盖,扳下蟹脚、蟹螯,再分部位出蟹肉和蟹黄。

①出腿肉:将蟹脚剪去一头(关节处),然后用圆柱物(如擀面杖)在蟹脚上向剪开方向滚压,把腿肉挤出。

②出螯肉:将螯的小钳扳下,用刀将螯壳拍碎后取出螯肉。

③出蟹黄:先剥出蟹脐,挖出蟹黄;再用竹签从蟹盖中挑出蟹黄。

④出身肉:将蟹身切开,用竹签将肉挑出。

5. 蔬菜原料的分解

在蔬菜原料中,因食用部位不同而存在菜肴不同品质的差异。例如菜叶与菜秆、菜根与菜尖、菜心和菜边等,它们的成菜方式和口味都具有明显差异。在实际操作中,烹饪者常常会将蔬菜分解后,分别使用,以实现综合利用、提高菜品质量的目的。常分解使用的蔬菜有竹叶菜、苋菜、竹笋、白菜、葱、韭菜、香菜、菠菜等。

第二节　切割工艺

原料形态的完美需要通过刀工工艺来实现,掌握刀工技法首先要了解刀工工具的种类和其保养的方法,熟悉刀法加工原料的原则。学会运用不同的刀法处理不同的食物原料,使原料首先能满足人们运用筷子等餐具取食的需要,其次满足菜肴形态造型的要求,以提升成菜品质。

一、切割工具类型和保养方法

刀工工艺主要学习内容包括刀具与砧板的配合使用。刀工其实是斜面机械之一的"尖劈"的具体使用,用刀具切割原料时,位于原料下部的砧板起到支撑原料的作用,刀刃挤压原料,使之断裂,原料形状改变。通常,刀刃越薄则挤压力越大,原料承受压力的点越小,则越易折断;刀距越短、越垂直,压力越大,切割时则越省力。因此,不同的原料性质决定了刀具的选择。

(一)刀具的选择

根据烹饪原料处理方式的不同,刀具可以分为以下几种。

①大方头刀。这是烹饪加工中最常见的刀具。大方头刀名如其形,状如长方形,一般家庭多用此类刀具。刀身前高后低;刀刃前平薄,后略厚而稍有弧度;刀身上厚下薄;刀背前窄后宽,刀柄满掌、刀体短宽;刀前高约 12 cm,后高约 10 cm,整体长 20～22 cm,刀刃前厚约 0.3 cm,后厚约 0.7 cm,全重约 800 g。大方头刀的用法是前劈、后剁和中间切。其特点是:刀柄短、惯力大,一刀多能,使用方便而又省力等,具有良好的性能。

②小方刀。这是大方头刀的缩小版,外形与大方头刀类似,适用于切和削,一般重约 500 g。

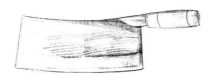
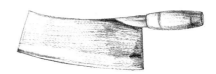

大方头刀   小方刀

③圆头刀。此类刀具的刀头呈圆弧形,刀腰至刀根处较平坦,刀身修长,整体手感较轻薄,总重约 750 g,适用于切和削。

④斧形刀。此类刀具形如斧头,但整体刀刃比斧头宽且薄,是常用刀具中最重的一种,整体质量有 1～2 kg,专用于砍、剁大骨。

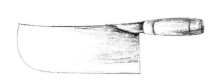

圆头刀   斧形刀

⑤尖头刀。此类刀具又称为心形刀,刀前刃较薄、尖,刀后刃较厚,重约 1 kg,专用于剔骨和剁肉。

⑥马头刀。此类刀具的刀身略短,刀尖突出,刀板胶皮轻薄,重约 700 g,便于切、削、剁、剔等操作。

⑦片子刀。其外形好似刀片,刀板较薄,刀刃平直,刀形较方,重量较轻,200～500 g 不等,依据用途,又有刀宽包薄、刃平直的干丝片刀;刀窄而刃呈弓形的羊肉片刀;刀窄而刃平直的烤鸭片刀等。

食物原料的分解加工与刀具的外形、刀刃的硬度、刀身的重量密不可分,烹饪者应根据处理加工的工艺特点,灵活选择。好的刀具对烹饪工艺来说,有事半功倍的作用。

| 尖头刀 | 马头刀 | 片子刀 |

（二）刀具的保养

在餐饮业中有这样一句俗话："三分手艺七分刀。"说的就是刀具对烹饪工艺的重要性。刀具就是用于食物原料的分解、切割，所以刀刃的锋利程度直接决定原料的光滑度、完整性和观赏性。好的刀具能给烹饪者节省处理加工的时间，也可以节省烹饪者的体力，是提升烹饪效率的首要条件。可以通过磨刀及科学保养来保持刀刃的锋利。

1. 磨刀

磨刀需要准备磨刀石（砖）及辅助工具。

磨刀石（砖）分为粗磨石、细磨石和油石。

①粗磨石。该磨石用天然黄沙石料制成。沙粒较粗，磨石表面质地松散但硬度很高。粗磨石通常用于新刀开刃或打磨刀刃有缺口的刀具。

②细磨石。该磨石由天然青沙石料制成。其特点是质地坚实、颗粒细腻，在打磨过程中能将刀刃快速磨好而又不损伤刀刃。

③油石。油石属人工磨刀石，采用金刚砂人工制成，成本高，粗细皆有，一般用于磨砺刀具的硬度。

磨刀时还需要准备辅助工具，以实现刀具的打磨，辅助工具有磨刀台（凳）、磨刀池、磨刀木托等。磨刀台（凳）台面的设计要满足前沿低，后沿高的原则，以便污水排走；木托以磨石形体的长度和宽度为标准，能将磨石牢固于其中，防止石滑。

磨刀还应有专门的场所，需要满足卫生条件的要求。

2. 磨刀的方法

打磨刀具的方法通常有平磨法、翘磨法和平翘结合磨法。

①平磨法。平磨是对刀板的磨制，保持其平滑，刀身与刀石贴紧，推拉研磨。

②翘磨法。翘磨是直接对刀刃磨制，刀身与刀石保持一定的锐角角度，推拉研磨。此法要注意不损伤刀刃。

③平翘结合磨法。综合采用平推和翘拉的磨法。

平磨法

翘磨法

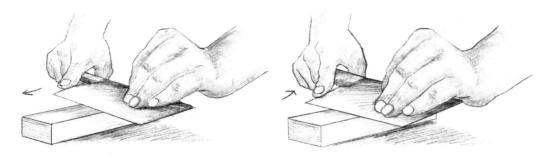

平翘结合磨法

磨刀完毕,要从以下几个角度来鉴定刀具是否打磨锋利、磨制工作是否合格。

①刀角。

刀角越小,刃部越尖,切入阻力也越小,锋利性也越高,它是影响锋利性的重要因素。

②刃口半径。

刃口半径越小,切入压力也就越小,自然也越锋利,这是使刀具锋利的最关键要素。

③刃纹。

刃纹方向与切割方向相同时,更容易切入,也更锋利,各刃纹相互平行且与刃口垂直(纵刃纹)时最佳。刃纹在刃缘处产生的微锯齿,也有利于提高锋利性。

④毛边。

毛边会大大增加刀刃的切入阻力,是影响锋利性的重要因素,锋利的刀刃应没有毛边。

⑤微锯齿。

严格地说,刃缘都是有微锯齿的,齿向与切割方向一致时,切入压力越小,刀刃也越锋利。

3. 刀具的一般保养

刀具打磨完成后需洗净擦干,如果长时间不用的话,则需要在刀口抹上菜油放置好。在使用刀具时,要根据原料的特点合理选用刀具,不宜硬砍、硬剁,避免刀刃受损。

(三)砧板的使用与保养

1. 砧板的选择

木质砧板多选用榆树、银杏、橄榄树或柳树等材料制成,这些树材的木质坚固且有韧性,不易腐烂。在切割操作时,既不伤刀刃,砧板自身又不易断裂。此类砧板经久耐用,即使在剁骨时产生少量碎屑,对人体也无害。选择木质砧板时,应尽量选用无结疤、外皮完整、不空不烂、板面淡青、色泽均匀无花斑的材料。

2. 砧板的保养

①新砧板使用前应先用盐溶液浸泡,使木质紧缩致密,这样的做法能有效地防止虫蛀和腐烂。

②切割、分解食物原料时,不可在板面上硬砍、硬剁,尖锐的硬物能造成板面的损坏。

③砧板使用完毕后应洗净晾干,用软毛巾或砧板套罩上,防止细菌污染。

④木质砧板不可放置在烈日下暴晒,否则会因骤然受热而裂开。

二、刀工的原则

使用刀具加工食物的目的不仅是要改变原料的形状,而且是要通过使料形整齐、大小均匀来实现菜肴的美化,以求烹制出色、香、味、形、质俱佳的菜肴。因此在切割烹饪原料时,应遵循以下基本原则。

1. 食物原料经过刀工操作后实现整齐划一、清爽利落的原则

不同种类的食物原料形状各异,即使同一种原料也会大小不一。将厚薄不等、长短不齐的原料一起烹饪加工,虽然不太影响口感,但在美观上会大打折扣。而且个头不一的原料混合加工,容易受热不均,生熟各异,入味不匀,不利于烹饪。在用刀工处理原料时,还要做到清爽利落,用力要均匀,不能"藕断丝连"。要做到这一点,在平时要注意刀具的保养,保持刀刃锋利、砧板平整,这样在使用刀具处理原料时才能得心应手。

2. 根据原料的性质灵活下刀的原则

组成菜肴的食物原料种类繁多,在质地上有疏松、紧密,柔软、坚硬,松脆、坚韧,有骨、无骨的区别,因此要针对不同的食物原料,灵活掌握下刀的方法,所有原料不能一概而论。例如,同样是切肉,行业里有"横切牛羊,竖切鸡(猪)"的说法。这句话的意思是,肉质较老的牛肉或羊肉,在切割时要顶着其肌纹下刀(顶丝切),而质地细嫩的鸡肉或猪肉,则要顺着其肌纹下刀(顺丝切)。同样,陆生动物和水生动物的切割方法又不一样,例如肉质较韧的猪肉和牛肉,切割成丝状时要稍微细一点;质地较松的鱼肉切割时要稍粗一些。再比如,不同料形的切割,所用到的刀法也有所不同。若不按此原则操作,则会影响菜肴的质量,也不符合食用的要求。

3. 刀工的操作要适应烹调需要的原则

刀工和烹调是烹饪技术整体中重要的两道工序,两者相辅相成,相互影响,又相互制约。烹饪原料的形状要和烹调技法相适应。烹调方法不同,刀工处理的原料形状也不同。如爆、炒等烹调方法需要的火力较大,原料加热的时间较短,因此制作出的成品具有鲜、嫩、爽、滑的特点,这些烹调方法所要求的原料形状以小和薄为宜,如果原料形状过分大和厚,爆炒时会里生外焦、内生外熟、达不到成菜的要求。而炖、焖、烧等烹调方法使用的火力相对较小,加热时间较长,制作出的成品酥烂味透,这就要求所加工的原料以厚、大为宜,否则,成品就容易破碎,甚至成为糊状。

4. 刀工的处理要合理使用原料,做到物尽其用,符合经济最大化的原则

合理使用原料是烹饪工作的一条重要原则,刀工也应该遵循这条原则。刀工一味地追求料形美观,不注意食物的综合利用,这样既浪费了原材料,又增加了菜肴的成本,不值得提倡。因此,在进行刀工处理时,应该合理计划用料,科学搭配,做到大材大用、小材小用。特别是将大块原料改刀时,每次落刀前都要心中有数,刀落到准确的地方,务必使各类原料都得到充分利用。

5. 刀工操作要达到卫生要求,符合力求保存营养的原则

刀工操作时,所涉及的物品包括食物原料、各类刀具、厨具、厨房设备等,都要尽力做到干净卫生、生熟隔离,蔬菜和肉类要分开摆放,互相不污染、不串味。要尽量保存原料中所含的营养素,避免因加工不当而造成的营养损失。

三、刀法

刀工是根据烹饪或方便取食的要求,使用各种不同的切割方法,将烹饪原料或食物分割成特定形状的操作过程。烹饪方法中所使用的基本刀法分为切、剁、劈、片、拍、剞等。

1. 切

切是很基础的刀法。切是将刀身与原料垂直,有节奏地进刀,使原料均匀断开。一般情况下,可分为直刀切、推刀切、拉刀切、锯刀切、铡刀切、滚刀切等方法。

①直刀切:具体方法是手持刀刃,垂直向下,且不移动切料位置,用力切断原料。还有一种方法是跳切,具体操作是连续迅速用力切断原料。直切一般适用于质地坚脆的原料,如:萝卜、土豆、竹笋、鲜藕等。

②推刀切:这是一种将刀刃垂直向下切在原料上,运用推力将刀推向前运行,切断原料的方法。主要用于质地较松散、用直刀切容易破裂或散开的原料,如:叉烧肉、熟鸡蛋等。

③拉刀切:刀刃垂直向下、刀向后运行,用拉力切料。适用于韧性较强的原料,如:海带、鲜肉等。

④锯刀切:用拉力来回切料。锯切通常适用于把无骨、较厚、有韧性的或质地松软的食物原料切割开,如锯切涮羊肉片等。

⑤铡刀切:这是一种特殊的刀法。其运刀操作如同铡刀切草,利用刀刃垂直平起平落的力量切断原料的方法。一般适用于处理带有软骨、细小骨或体小、形圆易滑的生料和熟料,如:鸡、鸭、鱼、蟹等。

⑥滚刀切:在切料时,一边进刀一边将原料相应滚动的方法。多用于圆形或椭圆形脆性蔬菜类原料,如:萝卜、青笋、茭白等。

2. 剁

剁是将原料加工成茸、泥或末状的一种方法,一般适用于无骨的食物原料。

3. 劈

劈法可分为直刀劈和跟刀劈两种。

直刀劈:首先看准劈切处,用力垂直劈下。常用于带骨或质地坚硬的原料,如:火腿、咸猪肉、猪头、鱼头等。

跟刀劈:将原料嵌进刀刃,随刀扬起劈断原料的方法。跟刀劈左右手要密切配合,刀刃要紧紧嵌在原料内部,要嵌牢、嵌稳。

4. 片

片分为正刀片、反刀斜片、推刀片、拉刀片、锯刀片和抖刀片六种方法。

①正刀片:将刀身倾斜,刀背向右、刀刃向左,刀身与砧板成锐角,片时由右上方向左下方移动片断原料。此法一般适用于无骨的原料,切成斜形稍厚的片或块,如切腰片等。

②反刀斜片:刀背朝内,刀刃向外,刀身内倾,左手指紧按原料斜切断料的方法,适用于脆性易滑的原料,如墨鱼、熟猪肚等。

③推刀片:左手按稳原料,右手持刀,刀身放平,使刀身和砧板近似平行状态。刀从食材的右侧片入,向左稳推,刀的前端贴近砧板,刀的后部略微抬高,以刀的高低控制厚度。多用于煮熟回软或脆性原料,如熟笋、玉兰片、豆腐干等。

④拉刀片：放平刀身，刀后端从食材右上角片入，再朝自己的方向拉进，片下食材。多用于韧性原料，如鸡片、鱼片、虾片、肉片等。

⑤锯刀片：推拉的综合刀法。下刀时先推片，再拉片，一往一返都有作用。是专片（无筋或少筋）瘦肉、通脊类原料的刀技，如鸡丝、肉丝等。

⑥抖刀片：将刀身放平，左手稳稳按住原料，右手持刀。片进食材后，从右向左运刀。运刀时刀刃要上下抖动，而且要抖得均匀。一般用于美化原料形状，适合于处理较软的原料，如豆腐、千张等。

5. 拍

拍刀法是将刀放平，用力拍击原料，可使蒜瓣、鲜姜至碎，也可使肉类不滑、肉质疏松。

6. 剞

剞刀又称剞花刀，一般分推刀剞、拉刀剞、直刀剞。

①推刀剞：片入原料三分之二左右，深度要相等，距离要均匀。

②拉刀剞：将刀剞入原料，由左上方向右下方拉三分之二左右。

③直刀剞：与推刀片法相似，只是不能将原料切断而已，分为一般剞和花刀剞两种。直刀剞一般用于加工韧性强且无筋的原料，如：猪肚、鸡胗、鱿鱼等。

各种刀法正误操作对比如下。

各种刀法正误操作对比

正确方法	操作误区
直刀切：右手执刀，左手按住原料，刀体垂直落下，刀身不能够向外推，也不能够向里拉，一刀一刀地紧贴着中指第一节关节笔直地切下去，着力点要布满刀刃，前后力量需一致。	操作误区：左右两手配合没有节奏，左手按料不稳，后退的距离没有保持相等，下刀不直，偏里或者偏外，刀刃没有按相等距离移动，未能保证加工后的形状整齐等。
推刀切：右手执刀，左手按住原料，刀体垂直落下，刀刃进入原料后，立即将刀向前推，直至原料断裂，不须再从原料内拉回，着力点在刀的后端。	操作误区：刀体落下的同时，没有把刀立即向前推动，不能将原料一次性切断，产生连刀。刀身偏里或者偏外，原料不整齐等。
拉刀切：右手执刀，左手按住原料，刀体垂直落下，先将刀向前虚推，然后猛地往后拉，拉断原料，着力点在刀的前端。	操作误区：刀向前推得过猛，冲出原料，刀刃无法在落刀的位置往回拉动，没有一次性拉断原料，多次反复拉动，造成原料不整齐等。

续表

正确方法	操作误区
锯刀切:右手执刀,左手按稳原料,刀体垂直落下,将刀刃向前推,然后再拉回来,一推一拉切断原料。着力点布满刀刃。	操作误区:落刀不直,偏里或者偏外,切下的原料形状厚薄不均匀,落刀点不准,用力过大,动作过快,造成原料碎裂。左手未等原料全部切断就向后移动,不能保证原料的平稳移动等。
铡刀切:右手握住刀柄,左手按住刀背的前端,两手平衡用力压切。不管压切还是摇切都要迅速敏捷,用力均匀。	操作误区:不懂如何施力,导致施力不均,使刀刃崩掉。在铡比较硬的食材时,常常还没等到压稳食材就开始铡切,导致滑刀。
滚刀切:右手执刀,左手按住原料,右手根据切配要求,确定下刀的角度与速度,每切一刀,运用左手手指关节带动原料,向后滚动一次,再切再滚。由于原料滚动的速度与行刀的速度不同,或快或慢,都会改变原料的形状。如切得慢,滚得快,加工后的形状为块;如切得快,滚得慢,加工后的形状为片。	操作误区:左手按原料滚动的斜度不适中,右手的刀没有紧贴原料,未根据滚动的速度,按照一定的斜度切下去,并且没有每切一刀滚动一次,没有按同一斜度同一速度滚动,不能保证加工后的原料形态完整一致。
剁,是将原料加工成蓉、泥、末状时使用的一种方法。即先将原料去皮、去骨、去筋,原料大块的先加工成小的粒状,之后双手分别握住两把刀的刀柄,直上直下做四周运动。在剁的同时,用刀面为原料翻身,按照要求将原料剁到极细的蓉、泥、末时,方可停止。	操作误区:左右两手握刀用力过大,没有在运用手腕力量的时候,从左至右,再从右至左,灵活、有节奏地控制刀的起落。两刀之间没有保持间距,没有注意刀跟稍远一些,刀尖稍近一些,两刀发生碰撞。
直刀劈:右手持刀并且紧握在刀箍上,左手按住原料。按成形的规格要求,确定落刀的准确部位,右手将刀提起,迅速劈下,左手同时迅速离开原料,将原料劈断。	操作误区:劈时用力过猛震伤手腕,没有注意握紧刀箍,在劈到硬骨时手受到震动,造成刀脱手,发生意外事故。用力没有做到猛、准、狠,未能一刀劈断,反复劈数次造成原料骨肉碎烂、零乱,影响质量。同时,原料放得不平稳,在原料过小时,落刀时左手未迅速离开原料造成劈伤手指等。

续表

正确方法	操作误区
跟刀劈:右手执刀握住刀箍,左手握住原料,将刀刃紧紧嵌入原料要劈的部位。然后左右两手同时起落,上下运动,直到原料劈断为止。	操作误区:刀刃嵌入原料时没有嵌牢、嵌稳,左右两手起落的速度不一致,造成用力时原料脱落、劈空、劈伤手指等。
正刀片:右手握住刀柄,刀身斜放,刀背向右,左手指分开,紧贴在原料的左侧,按稳原料,刀刃向左片入原料后,立即向左下方作平行移动,每片下一片原料,左手指要将片迅速抹去,仍用手指按稳,待第二刀片入。	操作误区:左右两手的配合不协调,随意改变放刀的斜度和后退的距离,片下的片形大小不整齐、厚薄不均匀等。
推刀片:右手握住刀柄,左手掌按在原料的上部。刀身放平,刀刃从原料的右侧片入后,立即向前推,着力点落在刀的后端,直到完全片断原料为止。	操作误区:刀刃片入原料后,落刀不快,用力过猛,左手按稳原料后用力过大或者过小,造成其前后左右移动,不能够保证刀刃进入原料后运刀自如等。
拉刀片:左手掌或手指按稳原料,右手握住刀柄,将刀身放平,刀刃与砧板要保持一定的距离(以原料成形后的厚薄为准)。刀刃后端从原料的右侧前端片入后,立即往后拉,直至片断原料。	操作误区:片入原料的时候没有从刀刃的后端开始,造成刀刃向后拉时没有余地。原料的宽度大于刀面的宽度,无法一次片断,反复片入原料造成片下的片形表面不光滑,形成锯齿状,影响质量。
抖刀片:右手握住刀柄放平刀身,左手手指分开。按住原料,将刀刃从原料的右侧进入,片入原料后做平行的上下抖动,呈波浪形运动,直至片断原料,并使被片下的原料呈锯齿花纹形状。	操作误区:刀刃片入原料后,上下抖动的幅度没有保持一致。刀刃在向左侧作平行移动时,前推或者后拉,用力不均匀。未能够保持原料完整,锯齿花纹深浅不均匀、不一致等。
直刀剞:与直刀法中的直切(用于软性原料),推刀、拉刀(用于韧性原料或整条鱼)基本相似,只是切进原料后,只切断原料的五分之四。留五分之一使原料相连,如果是整条鱼,必须切至碰到鱼骨后停刀。	操作误区:没有注意每剞一刀都要保持一定的距离,而且深度没有保证在五分之四处,过浅或过深影响剞花的质量。

正确方法	操作误区
推刀剖：与斜刀法中的反刀片基本相似，只是刀刃与原料的角度为 45°左右，片进原料的深度为原料厚度的三分之二。	操作误区：刀的角度和深度未保持一致，随意改变造成原料加热后卷曲的方向不一，块形不整齐。没有将推刀剖的刀法与直刀剖的刀法灵活地结合起来，没有让直刀纹与斜刀纹的深度相同等。
拉刀剖：拉刀剖与斜刀法中的正刀片法基本相似，区别在于片进原料的深度是原料厚度的三分之二，刀刃与原料的接触角度为 45°。 　　如果是整条鱼，应片进原料碰到鱼骨后停刀。	操作误区：拉刀剖时未注意掌握好放刀的角度、位置，影响原料形态的整齐和刀纹的深度。刀纹间的距离不一，在整条鱼成形时，没有注意正反两面的刀纹是否对称等。

　　（资料来源：参考自 https://www.meipian.cn/21v0ho62）

第四章　原料混合工艺

 学习目标

　　通过本章内容的学习,使学生能够了解馅心和蓉胶的种类和特性,熟悉混合食材的制作方法,掌握基本的加工技术。

本章导读

　　将两种以上不同食料混合形成一种新的复合型食物原料的加工过程叫混合工艺。在人们的日常饮食生活中,离不开利用馅心或蓉胶加工而成的食品。本章涉及的主要内容有馅心的种类和特点、制馅工艺、蓉胶工艺等。

第一节　制 馅 工 艺

　　馅心是指将各种制馅原料,经过精细加工、调和、拌制或熟制后,包入、夹入坯皮内,形成包馅制品风味的物料,俗称馅子。其主要作用如下。

　　①馅心的原料和加工方法决定了成菜的风味。

　　②馅心影响成菜的形态。馅心与包馅制品的形态也有着密切的关系。

　　③形成菜肴的特色。各种包馅菜点的特色,虽然和所用的坯料、成形加工和熟制方法等有一定关系,但内部所用的馅心却往往起着决定性的作用。

　　④增加菜点的花色品种。由于馅心用料广泛,所以制成的馅心多种多样。

　　一般来说,绝大多数食物原料都可以被制成馅心,例如畜类、禽类、水生动物和植物性原料等。随着现代加工业的发展,以及人类口味的改变,馅心的原料和种类也越来越多,馅心制作已成为菜点制作中的一个较为宽泛的领域。

一、馅心的分类

(一)馅心的种类

馅心的种类主要可以从制成原料、口味、制作方法等方面进行区分。

　　①按制成原料分类:可分为荤馅和素馅两种。

　　②按口味分类:可分为甜馅、咸馅和甜咸馅三种。

　　③按制作方法分类:可分为生馅、熟馅两种。

（二）馅心的特征

馅心可分为菜肴馅心和点心馅心。

1. 菜肴馅心的特征

①菜肴馅心大都不作为主料而作为辅料。馅心一般起到衬托渲染的作用，是补充菜肴主体的。

②菜肴馅心具有多种形式。除生、熟制原料的馅心外，还有一些无明显制馅过程的馅心，例如桃仁鸡卷中桃仁是直接取用炸熟的核桃仁。

③动物性蓉胶馅心是在菜肴中起到较强的黏接作用的，其制作加工一般无须掺冻、打水，例如彩色鱼夹、蟠龙卷切等，多采用硬质蓉胶馅。

2. 点心馅心的特征

①点心馅心在点心中主要起到调味的作用。无论是在风味上、重量比例上，还是材质取用上，都是馅比皮贵。

②中高档点心以皮薄重馅或皮馅对等为主，馅心能起到突出风味的作用，而且影响点心味道的重要因素在于馅心的配方，特别是皮薄馅重的点心，其馅心比重为 $60\%\sim80\%$。

③点心馅心与菜肴馅心的不同之处在于，点心馅心全部必须经过严格的配方和精细的制馅加工，一般不直接取用未经制馅过程的原料直接包卷于面皮之中。

④点心馅心制作关键不在于馅心与外皮的黏接，而在于外皮包裹住馅心，因此点心馅心需注重掺冻、打水、加油。点心馅心的代表菜，如生煎包、汤饺、豆沙包、重油烧卖等属于重卤或重油制品。

⑤点心馅心以风味为主，在口味、香味、触感、形态方面馅的作用大过皮。

因此，点心制品风味的最终形成，除了由馅心材质和馅心制熟方法带来的差异，其余均来自馅心的口味差异。

二、馅心的构成

菜肴馅心与点心馅心虽然在原料和制作工艺上有一些差别，但在总体结构上又具有一些相同的特征。菜肴馅心与点心馅心一般都具有以下结构。

①主料。主料即构成馅心的主体原料，通常是由一种或多种原料组成，例如武汉名小吃重油烧卖的馅心，是由香菇、肉末、糯米、笋丁、香干各占 1/5 混合形成馅心的主体。

②辅料。辅料是用以补充主料的原料，通常也可以由一种或多种原料混合而成，例如笋肉蟹黄饺的馅心，则以肉茸为主料，笋丁与蟹黄为风味性辅料，两者用量分别占肉茸的 1/3 与 1/10，作用是补充与完善馅心主体风味与营养物质。

③功能添加料。具有调节风味功能的非主体性原料均被称为添加料，可以起调味、致嫩、保水、增黏、增色等作用。

三、馅心的式样与加工方法

（一）馅心的式样

馅心的式样是指馅心成形的外观形态特征。一般来说，馅心是由细小料形构成，通过搅拌或炒拌而形成的混合状态,并再通过增凝、增黏形成馅黏团,可供烹饪者用坯皮进行裹、包、卷、镶等加工方式成形的原料。依据不同的馅料形状,馅心可以分为粒末状凝结馅、糜糊状凝结馅、丁丝状黏结馅和膏脂状凝冻馅。

（二）馅心的加工方法

馅心的加工方法主要有生制法与熟制法两种。

1. 生制法

这是一种不经过热加工,将各种原料直接进行混合搅拌,制成馅心的方法。其中生制荤菜馅与素菜馅又有很大区别:植物性原料一般含水量大,细切后会有较多水分析出,从而影响馅心的质量,包馅后面皮容易糜烂,不利于点心成形。因此,必须将素菜馅中的水分尽可能排除,才能符合后期制作加工要求。素菜馅去水分可以用适量盐腌制原料,因为盐的渗透压会使原料中部分水分迅速析出,从而使部分水分排出,同时也能消除某些素菜中的苦味、涩味,如雪里蕻馅心。腌制后的馅心一般采用挤、压、甩等方法排水,水分含量较多时也可采用脱干机脱干。但是,经排水以后,馅心的黏接性依然很差,松散而不利于点心成形,因此需添加黏稠剂与之搅拌,主要用熟猪油或蛋液粉浆等,增黏调味混合均匀后即可凉置凝黏待用。

2. 熟制法

此法是即将馅心所用各种原料混合后加热,待制熟后再成馅的方法。在咸、甜各式馅心中,几乎大多数品种使用的是熟馅,因此,行内常有"生蓉熟馅"之说。熟制馅心的目的和作用是入味、生香、方便菜点内外成熟度一致,以及缩短菜点整体加热时间。熟馅是馅心的主流,无论荤、素,其加工特征基本相似。熟制法中还有一种工艺是预熟加工,具体方法是将馅心主料进行煮或焯等处理,使之基本变性成为半成品,然后将半成品加工成细小料形,如丝、丁、粒、末、茸等,莲、枣、豆类等原料还需煸炒,最后炒烩翻拌,运用熬炼之法将馅心制熟,晾凉使用。

通山包坨

通山包坨有数百年历史,以杨芳包坨最负盛名。相传当年刘伯温带兵作战,路经杨芳,作短暂休整后需带干粮上路。此地红薯为主食,薯粉较多,又易存贮,刘伯温就以薯粉做皮,将可口的青菜切细拌在一起做馅,制作成了包坨。经过几百年的传承,如今这道行军干粮,慢慢成为当地的美食。20世纪80年代前,因物资少,包坨在通山一直属于精细菜,只在贵客上门或者除夕夜当天才做,这种习俗传至今日。

通山包坨的做法多样。以馅料不同可分为:①半荤包坨(鲜肉丁或腊肉、油炸豆腐块、花生米、萝卜、竹笋、韭菜等为内馅);②全荤包坨(全鲜肉末内馅)。以坨皮分类,可分为:①以芋头拌薯粉做皮,俗称芋头坨;②直接以薯粉做皮,俗称开水坨。其实,每家每户的馅都不一样,可以根据口味,自行添加如香菇、火腿等材料。

通山包坨通常具有皮薄馅多,馅心鲜美,口感饱满、筋道的特点。

通山包坨备料及制作过程如下。

主材料:(以半荤包坨为例)五花肉、腊肉、火腿、豆芽、白萝卜、竹笋、香菇、油豆腐、蒜苗。

配料:薯粉、香油、葱、酱油、食盐、味精、辣椒粉、胡椒。

步骤一:初加工

①将五花肉、腊肉、油豆腐、香菇等做馅的主材料都切成细小的丁状;

②芋头洗净带皮煮熟,捞出剥皮后放盆中;

③薯粉用开水烫熟,与去皮熟芋头一起充分揉和均匀(上劲有韧性)待用。

步骤二:制馅

①将馅料倒入锅中翻炒;

②再加入酱油、食盐、味精、葱花、香油、辣椒粉、胡椒等调味;

③熟制成馅料,出锅放置凉透待用。

步骤三:制皮

①薯粉揉制成团;

②取揉好的粉团,用手反复捏粉团四周让其成凹形(粉皮越薄越好);

③包入馅料,用两只手反复环揉,使其成圆团状(即包坨生坯)待用。

步骤四:煮制

①将做好的包坨轻轻放入煮沸的鲜汤中煮制;

②待包坨煮到一个个浮出水面,颜色稍变即可出锅装盘;

③煮好的包坨亦可油炸食用。

第二节 蓉 胶 工 艺

蓉胶,又称缔、糁、糊、粽等,各地称呼不一。蓉的种类很多,有虾蓉、鱼蓉、肉蓉、蛋蓉、鸡蓉和豆腐蓉,其中又分软蓉、硬蓉,主要是含水量多少的区别。蓉类制作的肴馔不下千种,以虾蓉、鱼蓉、肉蓉和豆腐蓉使用得较多,蛋蓉和鸡蓉相比之下,就使用得较少。蓉的制作是指在成糊状的肉类原料中加水、盐和辅料一起搅拌上劲的过程。制蓉工艺的关键在于加入水和盐的配比、辅料的比例,以及操作的环境温度。

一、蓉胶的特点

蓉胶是一种由动物性原料经过粉碎性加工,再与水、蛋、盐、淀粉等原料搅拌混合后制成的具有黏性的胶体糊状物料,可用于制作多种菜肴。蓉胶一般有如下特性。

①可塑性强,便于菜肴的造型。

②黏性增大,便于菜品的定型和点缀。

③易于成熟,缩短了烹饪的时间。

④便于食用,使用范围广。

二、蓉胶的种类

蓉胶的种类有很多,一般有如下几种分类。

①根据原料种类的不同,可分为动物性蓉胶,如鸡蓉、虾蓉、鱼蓉等;植物性蓉胶,如豆

腐蓉、山药蓉、南瓜蓉等。

②根据蓉胶成品的物理形态分类,可分为细蓉,如鱼蓉;粗蓉,如虾蓉。

③根据蓉胶的色彩分类,可分为单色蓉、双色蓉和多色蓉等。如清汤鱼丸由单色蓉制成,双色小肉丸由双色蓉制成,多彩鱼丸则由多色蓉制成。

④根据蓉胶的弹性不同,可分为硬质蓉胶、软质蓉胶、嫩质蓉胶和汤糊蓉胶等。硬质蓉胶,如猪肉蓉、牛肉蓉等;软质蓉胶,如土豆蓉、豆腐蓉等;嫩质蓉胶,如鸡蓉、虾蓉等;汤糊蓉胶,如鸡糊等。

⑤依据原料工艺的不同,可分为单一型蓉胶和复合型蓉胶。复合型蓉胶是使用两种以上主料复合加工而成,如鸡肉与虾肉、鱼肉与猪肉、鱼肉与羊肉、豆腐与鱼肉混合蓉胶等。

三、蓉胶的制作方法

1. 肌肉类蓉胶的形成机理

将禽或畜肉加工成肉茸,添加清水混合后,最初的禽、畜肉会变成分散的细粒子状,失去黏性,再加入食盐一起搅拌,肉的黏着性就会不断增强,最终形成一个整体。这种变化的实质是由于食盐的盐溶作用,造成构成肌原纤维的肌丝被溶解分散,于是就以肌动球蛋白的形式发生水合作用。由于肉的这种丝状巨大分子的相互络合,致使肉糊呈现出一定的黏度(又被称之为"上劲"),经过加热,该络合化合物就被固定成为网状结构,水被封闭在网状结构之中,使其制品的口感更加嫩滑爽口。

2. 蓉胶的制作工艺

蓉胶的制作工艺主要分为捶蓉去筋和加料搅拌两大环节。

①捶蓉去筋。制作鱼蓉时,应当取料直接捶。每捶蓉一层,就用刀刃刮下这一层,放入清水中漂净,以去除鱼蓉中的血水,直至鱼蓉净色;制作鸡蓉时,则先漂去血水之后再捶。捶时应选择平整、干净的砧板,菜刀背厚而宽,用力要均匀,轻重适度,重则鸡肉捶不细,轻则不起作用。蓉捶好后,用刀刃一点点地摊开,以择净小筋络,然后再轻剁数遍,以去尽筋络,让蓉更为细腻。在这种情况下,其原来的纤维组织结构受到破坏,由块状变成了细料状,便于产生分子间摩擦,充分吸收水分,使分子之间的接触面的拉力加大,使其有黏性,可塑性增强。

②加料搅拌。在捶蓉去筋之后,进行搅拌,最好选择无破损的面盆或瓦钵作为搅拌的容器。将姜、葱白洗净拍散,漂于清水中,做制蓉的添加剂,去腥增鲜。搅拌时,先下少量姜葱水,调散肉蓉成浓糊状,按每 50 g 肉蓉,加 10 g 精盐的比例搅拌至腻手(又称起胶),再分次下水搅拌。搅拌力应由轻至重,动作应由慢至快,循序渐进;每次加水,应在蓉搅拌到手感上劲发黏之时。将蓉加水搅拌至用手挤丸时呈光滑球体状,即为吃够水分,然后再配料。制作时加入食盐、清水,这样除了使蓉更易成形外,还改善其口味及口感的嫩爽度。

3. 蓉胶工艺的操作要领

①原料选用讲究。制作蓉胶,通常要选用肌肉纤维束细短、肉质新鲜细嫩、无筋络杂质、黏性大、韧性较强的原料,同时原料本身必须含有丰富的蛋白质和脂肪。取材的原则是:禽类原料则选用胸脯肉作为制蓉原料;鱼类则取鱼身两侧的背侧肉,虾类取用河里的清水虾;畜类则选用其里脊肉;豆腐按烹饪要求可选用老或嫩的豆腐。

制作蓉胶的最佳温度是 2 ℃左右,因为这一温度下蓉胶最稳定,最利于肌肉活性蛋白质的溶出。温度达到 30 ℃以上,蓉胶的吸水能力下降,而形成蓉胶嫩度和弹性的主要蛋白质——肌球蛋白,在加盐后对热不稳定,所以,蓉胶不宜在温度较高的操作场所制作,夏天比冬天制蓉胶的难度要大。

②淀粉的组配十分重要。淀粉可使蓉胶黏性增大、持水稳定性提高。食物有一定的含水量可使口感嫩滑、清爽;淀粉可使菜品加热时不破裂、不松散,但加入淀粉要控制用量,过多则使肉质蓉胶失去弹性,口感硬实。

③把握盐、水、油、蛋、味的比例。制作蓉胶是否成功,有严格的判断标准。有经验的老厨师把它概括为"五不伤缺"。即不伤缺盐、水、油、蛋、味。伤盐,味咸;缺盐,味淡,无骨力,烹制后会缩筋。伤水,可塑性差,影响菜品的工艺造型;缺水,干瘪质老。伤油,蓉胶制品的黏附力不够;缺油,食之不滋润。伤蛋,质地绵韧;缺蛋,无顿力,不嫩爽。伤味,缺味,指生姜、葱、胡椒、味精之味多则伤肉质本味,少则不压腥增鲜。

荆州鱼糕

荆州鱼糕的原料主要是产于流经荆州市区的长湖的青鱼或鲩鱼,配上等肥膘猪肉、生鸡蛋、生姜水和其他调料加工而成。

特有的食物原料、特有的制作工艺,通过数千年的饮食文化堆积提升,促使了荆州鱼糕由单一菜肴慢慢演化为一种继往开来的、特点明显的文化艺术。鱼糕属于鄂中南的荆宜风味,原本盛行于荆州大部、宜昌等地。如今,不仅是荆宜地区,环顾全湖北,荆州鱼糕的知名度也家喻户晓。全国闻名的湖北特色全鱼宴中,荆州鱼糕就是一道不可或缺的重点菜。

荆州鱼糕的食用方法基本上分成蒸、炒、炸、涮、汤五种。

荆州鱼糕备料及制作过程如下。

主材料:草鱼。

配料:肥膘肉、绿豆淀粉、鸡蛋、盐、糖、鸡精、料酒、姜水等。

小贴士:荆州鱼糕的制作中,搅拌是很关键的一道程序,很费力气但必须搅拌好,这样鱼肉和其他食材才能完全融合,口感会比较好。另外,要想鱼糕具有肥润口感,必须加入肥膘肉。

步骤一:初加工
①将草鱼去鳞、去内脏、去头,切成 2~3 cm 的块状;
②将用清水洗净的鱼肉放入搅拌机中,加入适量盐、糖、鸡精、料酒、姜水,搅拌成鱼蓉;
③将肥膘肉切成小块,洗净后用绞肉机绞碎成肥膘泥。

步骤二:搅拌
①将鱼蓉和肥膘泥混合在一起,加入适量绿豆淀粉和鸡蛋;
②搅拌均匀,直至鱼肉糊呈现出细腻、黏稠的状态。

步骤三:蒸制
①将搅拌好的鱼肉糊倒入鱼糕模具中,轻轻震动几下,排出气泡;
②将模具放入蒸锅中,用大火蒸 15~20 min,直至鱼糕熟透。

步骤四:上色
①鸡蛋取蛋黄,搅拌成蛋黄液;

②取出蒸好的鱼糕,趁热在表面抹上一层蛋黄液,使鱼糕更加金黄诱人。

步骤五:切块

①将抹好蛋黄液的鱼糕放置在通风处冷却至室温,然后用刀切成大小均匀的块状,即可食用;

②也可以将鱼糕装入保鲜袋中,放入冰箱冷藏保存,随时取出食用。

第五章 原料优化工艺

学习目标

通过本章内容的学习,使学生了解烹饪工艺中的具体优化工艺,了解优化工艺的分类,掌握如何通过优化工艺调节菜肴的色、香、味、形、质等。

本章导读

运用装饰、衬托、增强等美化方法对食物原料的色、香、味、形、质等风味性能方面进行深化和精细的加工,使食物制品在保持原有营养质量的基础上达到风味更佳的完美加工称为优化工艺。

如果说清理工艺的本质是使食物原料符合食品卫生安全标准的基础工作,分解工艺的本质是使食物原料达到适于各种加热制熟方式与筷夹食用的基本条件,那么优化工艺的本质正是用人性化加工过程为菜点增添更多的文化附加值。在优化工艺中,人文精神通过对菜点的刻意制作得到充分体现,人们的文化、传统、风俗、思想、情感被集中表现,从而超越了生理学所赋予食物的动物性普遍意义。

优化工艺以风味为核心,形、色为烘托,具体有调味工艺、调香工艺、着色工艺和着衣工艺等内容。

第一节 调味工艺

要掌握好调味工艺,除了按标准化配置投料、勤于练习外,对味觉、味性、味素的了解是至关重要的,同时对调味品的浓度、使用性能的了解也十分必要。每种菜品的调味都有其特定的调味程序,如果违背这种程序必将造成调味的严重失败。

一、味觉的特点

味觉的感受器是味蕾,主要分布在舌表面和舌缘,口腔和咽部黏膜的表面也有散在分布。味蕾是由味觉细胞组成的,是味觉感受器,可检测和辨别各种味道。

单位量的呈味物质引起的味觉强度不仅与呈味物质的性质和分子结构有关,而且还与食者的生活环境、饮食习惯、健康状况、情绪以及环境温度有关。味觉具有以下特点。

1. 年龄差异性

一般成年人的味蕾总数约有 1 万个。年龄对味觉敏感性有影响,儿童味蕾分布较广泛,老年人的味蕾因萎缩而减少,超过 60 岁的人对咸、酸、苦、甜四种原味的敏感性显著减低。原因是随着年龄增长舌乳头上的味蕾数目减少,老年人自身所患的疾病也会阻碍味觉的敏感性。

2. 环境差异性

人们的生活环境和饮食习惯的不同,也会对味觉的识别产生差别。例如恩施土家族喜食腊肉、熏肉等咸味较重食物,而荆州等地菜肴味偏清淡。这是由于呈味物质持续地接触刺激味蕾,会使味蕾产生疲劳和适应的现象。这种现象有一定的积累作用,进而对各地的风俗习惯及饮食习惯具有一定的影响。

3. 温度差异性

各种呈味物质对于味觉受体的作用与进食时的温度有关,因而味觉也受温度的影响。甜味和酸味的最佳感觉温度在 35～50 ℃,咸味在 18～35 ℃,苦味则在 10 ℃。呈味物质只有在溶解状态下才能扩散至味觉受体,进而产生味觉,因此味觉会受呈味物质所在介质的影响。介质的黏度会影响可溶性呈味物质向味觉受体的扩散,不适宜的介质会降低呈味物质的可溶性,或者抑制呈味物质的释放。

4. 搭配差异性

当食物混合时,会对食物原先的味道产生影响,增强或减弱味觉强度。如酸味和甜味之间存在着所谓"相杀"关系,二者之间的调和会使味觉强度降低并变得缓和。酸味和咸味之间存在相乘作用,二者的调和会使味道变得更酸及更咸。酸味和苦味之间的相互作用不大。咸味和甜味之间存在着两种相反的作用,当食盐浓度约 0.5％时会增加甜度,当食盐浓度达 1％时会降低甜度。

二、味道的分类

味觉系统能感受和区分多种味道,目前认为这些味道都是由咸、酸、甜、鲜、苦 5 种基本味觉组成的。

1. 咸味

舌头两侧前半部负责感觉咸味。水中氯盐含量较高时,水会带有咸味,尤其当主要阳离子为钠离子时,氯盐达 250 mg/L 即有咸味,然而,若主要阳离子为钙与镁离子时,即使氯盐含量高达 1000 mg/L,亦不觉得有咸味。

咸味的产生与盐解离出的阳离子关系密切,而阴离子则影响咸味的强弱和副味。此外,神经与各种阴离子的感应性大小也有密切关系。常见的咸味物质主要有氯化钾、碘化钠、硝酸铵、硝酸钾等。

咸味是一些中性盐类化合物所显示的滋味。由于盐类物质在溶液中离解后,阳离子被味细胞膜上的蛋白质分子中的羟基或磷酸基吸附而呈咸味,而阴离子影响咸味的强弱,并产生副味,阴离子碳链越长,咸味的感应能力越小,如氯化钠＞甲酸钠＞丙酸钠＞酪酸钠。无机盐的咸味随着阴、阳离子或两者的分子量增加,咸味感有越来越苦的趋势。

2. 酸味

舌头两侧后半部负责感觉酸味。酸味是一种基本味,自然界中含有酸味成分的物质很多,大多是植物原料,主要有柠檬、酸梅、西红柿、青梅、乌梅、山楂等。它主要是由酸味的物质解离出的氢离子,在口腔中刺激了人的味觉神经后而产生的。酸味有化钙除腥、解腻、提鲜、增香等作用。

酸味是有机酸、无机酸和酸性盐产生的氢离子引起的味感。适当的酸味能给人以爽快的感觉,并增进食欲。一般来说,酸味与溶液的氢离子浓度有关,氢离子浓度高酸味强,但两者之间不是简单的线性关系,在氢离子浓度过大(pH<3.0)时,酸味令人难以忍受,而且很难感到浓度变化引起的酸味变化。酸味还与酸味物质的阴离子、食品的缓冲能力等有关。例如在相同 pH 值时,酸味强度比较为醋酸>甲酸>乳酸>草酸>盐酸。酸味物质的阴离子还决定酸的风味特征,如柠檬酸、维生素 C 的酸味爽快,葡萄糖酸具有柔和的口感,醋酸刺激性强,乳酸具有刺激性的臭味,磷酸等无机酸则有苦涩感。

3. 甜味

舌尖有大量能感觉到甜味的味蕾。甜通常是指那种由糖引起的令人愉快的感觉。某些蛋白质和一些其他非糖类特殊物质也会产生甜味。甜通常与连接到羰基上的醛基和酮基有关。甜味是通过多种 G 蛋白耦合受体来获得的,这些感受器耦合了味蕾上存在的 G 蛋白味导素。糖的品种很多,常见的食糖有白砂糖、冰糖、红糖、葡萄糖、饴糖、蜜糖等。糖在人们生活中除用于调味外,还有良好的药用价值。如适当食用白砂糖有助于提高机体对钙的吸收,但过多就会妨碍钙的吸收。冰糖养阴生津,润肺止咳,对肺燥咳嗽、干咳无痰、咯痰带血都有很好的辅助治疗作用。红糖虽杂质较多,但营养成分保留较好。它具有益气、缓中、助脾化食、补血破淤等功效,还兼具散寒止痛作用。

4. 鲜味

食物中的肉类、贝类、鱼类及味精和酱油等都有特殊的鲜美滋味,这就是鲜味。这些食物中鲜味的主要成分是琥珀酸、谷氨酸、核苷酸和氨基酸等等。琥珀酸又名丁二酸,在鸟肉、兽肉中有少量存在,以贝类中含量最高,是贝类鲜味的主要成分。蛇肉和蛤蜊肉中含量达 0.14%。谷氨酸主要存在于植物蛋白中,尤其在麦类的麸蛋白中,所以过去一直是用面筋来制取谷氨酸。谷氨酸具有酸味和鲜味,经适度中和后的谷氨酸钠盐——谷氨酸钠(味精)酸味消失,鲜味显著增强。谷氨酸二钠盐属于碱性盐,无鲜味,不能用作鲜味调料。

5. 苦味

舌头近舌根部分负责感觉苦味。食物中的天然苦味化合物,植物来源的主要是生物碱、萜类、糖苷类等,动物性来源的主要是胆汁。因为苦味与甜味的感觉都由类似的分子所激发,所以某些分子既可产生甜味也可产生苦味。在烹调某些菜肴时,略加一些含苦味的原料或调味品,可使菜肴具有香鲜爽口的特殊风味,刺激人们的食欲,但要特别注意其用量。如啤酒炖仔鸡用啤酒调味,不但可除腥增香,且风味别具一格;部分火锅中就有杏仁作调料,其苦味溶解于汤中,可去除异味,增进食欲,还可帮助消化,解热去暑。

三、调味的作用

(一)调味的基本作用

1. 扩散作用

从物质传递的观点来看,调味的过程实质上就是扩散与渗透的过程。人们巧妙地根据扩散与渗透的原理,使菜肴的口味更加鲜美。例如,在一杯水中加入一定量的食盐,由于食盐的相对密度大于水,沉到了杯底。在刚投入食盐后很短的时间内,杯中表层的水是没有咸味的,此时表层的水没有食盐或食盐的浓度低于呈味的阈值。假如水不加热也不搅拌,表层水的咸味也会逐渐增加,尽管增加的速度较慢。这说明食盐分子从杯底逐渐向水面上转移,这种物质的分子或微粒从高浓度区(杯底)向低浓度区(表层)的传递过程称为扩散。扩散的方向总是从浓度高的区域朝着浓度低的区域进行,而且扩散会一直进行到整体的浓度相同为止。

在调味工艺中,码味、浸泡、腌渍及长时间的烹饪加热中都涉及扩散作用。调味原料扩散量的大小与其所处环境的浓度差、扩散面积、扩散时间和扩散系数密切相关。

2. 渗透作用

渗透作用的实质与扩散作用颇为相似,只不过扩散现象里,扩散的物质是溶质的分子或微粒,而渗透现象中进行渗透的物质是溶剂分子,即渗透是溶剂分子从低浓度经半透膜向高浓度溶液扩散的过程。所有烹饪原料的细胞都能渗水,这是在渗透压差影响下发生的现象。在渗透压的影响下,一些调味原料的呈味物质也能渗透,如食盐、酒、糖、醋、酱油等。原料入味实际上是呈味物质向原料内部的渗透过程。

3. 吸附作用

吸附作用主要是指固体或液体表面对气体或溶质的吸着现象。在调味中,主要指固体食料对调味溶剂的吸附。吸附作用可在分子间产生引力,使调味品分子在界面上紧密排列,从而使得食物呈现出更好的味道和口感。例如,在烹饪过程中,食物中的脂肪、蛋白质、糖等成分可以吸附调味料中的呈味物质,从而使得食物的味道更加丰富和美味。

吸附作用还受到温度和浓度的影响。一般来说,温度升高可以增加物质的分子的运动速度,从而增强吸附作用。而浓度较高的物质更容易吸附到食物表面,从而提升食物的味道和口感。

需要注意的是,吸附作用也可能导致一些不良影响,例如食物表面可能因为吸附作用而变得粗糙或者口感变差。因此,在调味过程中,需要合理控制吸附作用的影响,以达到最佳的调味效果。

4. 分解作用

一些物质(包括呈味物质)在一定的条件下可发生水解作用,生成具有味感(或味觉质量不同)的新物质。调味工艺中常以此来增加和改善菜肴滋味。例如,动物性原料中的蛋白质,在加热条件下有一部分可发生水解,生成氨基酸,能增加菜肴的鲜美本味。含淀粉丰富的原料,在加热条件下,有一部分会水解,生成麦芽糖等低聚糖,可产生甜味。此外,利用微生物的作用,可使原料中某些成分(主要为糖类)分解,生成乳酸,产生一种令人愉快、刺激食欲的酸味,如泡制、腌渍蔬菜等。

5. 合成作用

两种以上简单物质结合可生成一种或两种较为复杂的物质,一切复杂味感皆离不开合成作用。在调味工艺中,合成作用很多。比如在烹制鱼时加入料酒,料酒中的羰基化合物与鱼体的胺类化合物发生合成反应,生成氮代葡萄糖基胺,从而消除异味,达到调味的目的。同样,在烹鱼时加入醋,与鱼体中呈碱性的胺发生中和反应,也可消除异味。

(二)常见调料在烹饪中的作用

1. 食盐

荆楚口味以"微辣咸鲜"为基本味,调味品品种单调,过去许多地方都是"好厨师一把盐",基本上不用其他调料。在一些乡村的筵席菜点中,所有的菜几乎都只一个味——微辣咸鲜。这种口味特征可能与楚人爱吃鱼有关,因为鱼本身很鲜,烹调鱼时,除了需加少许姜去除腥味外,调味品只需盐则足矣。归纳起来,食盐的作用有以下几点。

①突出鲜味。氨基酸和核苷酸与食盐的关系密切,氨基酸中的谷氨酸具有鲜味和酸味,只有将其适度中和成钠盐后,才能使酸味消失,鲜味突出。

②去异味,提味。食盐在烹调过程中可抑制原料自身的腥味,辅助原料中的呈鲜物质产生作用,增加原料的香气。纯糖醋混合液体加入适量的食盐后,盐和醋发生反应,就会生成新酸和新盐,从而使糖醋汁的味道变得甜而不腻、融合可口。在 15% 的糖液中加入 0.1% 的食盐,则会使这种糖盐混合溶液比纯糖溶液更甜,味道更醇厚。

③保鲜作用。食盐浓度超过 1%,大多数微生物的生长活动会受到暂时的抑制。食盐的浓度超过 10%,大多数微生物则完全停止生长。

④改善成品质地。食盐能改变面筋的物理性质,增加其吸收水分的性能,使其膨胀而不致断裂,起到调理和安定面筋的作用。食盐影响面筋的性质,主要是使其质地变密而增加弹力。

⑤稳定面粉的发酵。因为食盐有抑制酵母发酵的作用,所以可用来调整发酵的时间。完全没有加盐的面团发酵较快速,但发酵情形却极不稳定。尤其在天气炎热时,更难控制正常的发酵时间,容易发生发酵过度的情形,面团因而变酸。

⑥色泽的改善。利用食盐适当调理的面筋韧性更大,可使面包内部产生比较细密的组织;盐的使用延缓了糖的消耗速率,改善面包表面的色泽。因而能使烘熟了的面包内部色泽较白、口感细腻。

2. 食醋

①提供营养成分。醋含有人体需要的 18 种游离氨基酸,其中包括人体自身不能合成、必须由食物提供的 8 种必需氨基酸:异亮氨酸、亮氨酸、赖氨酸、苏氨酸、蛋氨酸、苯丙氨酸、色氨酸和缬氨酸。

②保护菜肴的维生素。有些维生素性质不稳定,在很多环境条件下容易破坏损失,而烹调中适当用醋可以形成一个酸性环境,使维生素最大限度地保存下来,尤其是维生素 C。

③软化。醋可以使牛肉纤维软化,从而使肉质显得柔嫩,味道也更加可口鲜美。同样,对于那些韧、硬的肉类或野味禽类,食醋也是一种较好的软化剂。

④抑菌杀菌。醋具有良好的抑菌作用。当醋酸浓度达 0.2% 时便能达到阻止微生物生长繁殖的效果;醋酸浓度达 0.4% 时能对各种细菌和霉菌起到良好的抑制作用;当浓度达 0.6% 时,能对各种霉菌以及酵母菌发挥优良的抑菌防腐作用。

3. 食糖

①给菜肴赋色。糖在加热到 160~180 ℃时能产生焦糖化反应,用专门熬制的糖色烹制菜肴,能使菜肴的色泽红润发亮,这是因为浓稠的糖浆能在菜肴表面形成一层膜,填平菜肴表面细小的凹凸处,使菜肴表面看上去发亮有光泽。

②给菜肴赋味。在食物中添加食糖可赋甜味,并能与其他调料组成复合味,同时调节酸味、咸味、苦味的强弱。

③调节原料质地。食糖具有一定保水作用,在腌渍肉类时可保持肌肉鲜嫩作用。食糖可改善面团的组织形态,使面团外形挺拔,在内部起到骨架作用,使成品有脆感。食糖能调节面团面筋的湿润度,增加面团的可塑性。

④有返砂和拔丝的效果。食糖在水中溶解后,加热至113 ℃时,糖液处在饱和状态,浓度达到80%~85%时,会形成细小糖粒,冷却后糖会重新结晶,即返砂现象,利用此现象可制作挂霜菜肴。当糖液加热到158~162 ℃时呈现琥珀色,这是最佳拔丝升温区间,可制作拔丝菜。

⑤具有杀菌防腐的作用。高浓度的食糖有抑制和杀灭微生物的作用(一般浓度为50%~75%),可用糖渍的方法保存食物。

⑥调节发酵速度。在面团中加入适量的糖可以缩短发酵时间,但糖量超过30%,则会降低发酵速度。

 楚菜案例

汽水肉

汽水肉是湖北省咸宁市的传统名菜之一,菜名里所说的汽水不是指常喝的碳酸甜饮料,而是蒸锅中的水受热蒸馏而产生的汽水。汽水肉是传统菜中常见的品种,最适宜现蒸现吃,以此方式做成的汽水肉,滋味清爽鲜美,加上营养丰富,口感嫩滑,十分有利于消化,特别适合病中肠胃虚弱的人作为病号营养餐,不论是儿童还是牙齿不好、肠胃衰弱的老人都可以食用。

汽水肉除可采用鲜肉现蒸现吃外,还可用碎肉皮熬炼成冻状,放入绞肉机绞成茸状,再掺入肉茸拌匀,蒸熟则别具风味。如掺入其他配料,又是另一种风味,如将生咸蛋去壳,放在汽水肉中间,便成汽水肉蒸咸蛋;咸肉切成薄片掺入其中,即成汽水肉蒸咸肉;将去壳鸡蛋放在肉上,便又成汽水肉蒸鸡蛋等。

汽水肉备料及制作过程如下。

主材料:猪肉、鸡蛋。

配料:姜、小葱、盐、生抽、胡椒粉、麻油、西红柿。

小贴士:蒸的时间可以根据肉馅铺开的厚度以及加水量调节。

步骤一:初加工

①将姜切细末;

②猪肉绞成肉馅。

步骤二:调味

①姜末加入肉馅中,装入比较深的碗中;

②加上少许盐、生抽、胡椒粉,打入鸡蛋,和肉馅一起搅拌均匀。

步骤三:蒸制

①往搅拌均匀的蛋肉馅中倒入半碗凉水,水要没过肉馅;

②蒸锅添上水,将加好水的碗放入,盖盖,点火蒸;

③蒸到冒大量热气后,继续再蒸15~17分钟,闻到有浓郁的香味飘出时,即可关火。

步骤四:提味

①小葱切葱末,撒在汽水肉上,再淋少许生抽、麻油;

②也可加一点西红柿提味。

第二节 调 香 工 艺

调香是指运用各种呈香调料的调制手段。香味是菜点最诱人之处,调香是菜点的基本技术,调制醇正的香气能给菜点增添风味。想掌握好调香工艺,需要了解其基本原理和操作要领。

一、嗅觉的特点

嗅觉具有以下基本特点。

1. 敏锐性

人的嗅觉相当敏锐,从嗅到气味到产生感觉,仅需 0.2~0.3 s 的时间。一些嗅感物质即使在很低的浓度下也会被感觉到,正常人能分辨 1 万种不同的气味。

2. 易疲劳

久闻某种气味容易使嗅觉细胞产生疲劳,从而对该气味不灵敏,但对其他气味并未疲劳。当嗅体中枢神经在一种气味的长期刺激里产生疲劳时,感觉便会受到抑制而产生适应性。

3. 个体差异性

不同的人嗅觉差别很大,即使嗅觉敏锐的人也会因气味而异。这是由遗传产生的。有人认为女性的嗅觉比男性敏锐。

4. 阈值变动性

阈值变动性指的是嗅觉灵敏程度。当人的身体疲劳或营养不良时,会引起嗅觉功能降低,人在生病时会感到食物平淡不香,女性在月经期、妊娠期或更年期可能会发生嗅觉减退或过敏现象等等。这都说明人的生理状况对嗅觉有明显影响。

二、气味的分类

呈香的气味物质极其多样,自然界中约有几十万种。在烹饪工艺中,食品香气类型主要分为植物性、动物性、烘烤性和发酵性四大类。

1. 植物性食品香气

此类香气主要指蔬菜类和水果类香气。

①蔬菜类香气所含的主要物质是一些含硫化合物,这些物质在通常的状态下,即可产生挥发性香味。

②水果类香气以有机酸脂和萜类为主,其次是醛类、醇类、酮类和挥发酸,它们是植物代谢过程中产生的,水果的香气一般随果实成熟而增强。

2. 动物性食品香气

动物性食品香气主要指畜、禽、鱼、乳类,以及虾类、贝类浸出物的挥发成分,以含硫化合物为最常见。

①食用肉的香气。肉中含有丙谷氨酸、蛋氨酸、半胱氨酸等物质,在加工过程中与羧基化合物反应生成乙醛、甲硫醇、硫化氢等,这些化合物在加热条件下可进一步反应生成一些香气物质,这些物质是肉香气的主体成分。

②牛乳及乳制品香气。牛乳香气的成分很复杂,主要由一些短链的醛、硫化物和低级脂肪酸组成,其中甲硫醚是构成牛乳风味的主体成分。

3.烘烤性食品香气

许多食品在热加工时会产生诱人的香气,原因有二:一是食品原料中的香气成分受热后被挥发出来;二是原料中的糖与氨基酸受热时发生美拉德反应生成香气物质。后者是产生香气的主要原因。

4.发酵性食品香气

此类食品的代表是酒类及酱类。

①酒类的香气。酒类的香气很复杂,各种酒类的芳香成分因品种而异,酒类的香气成分经测定有200多种化合物。醇类是酒的主要芳香物质。酯类是酒中最重要的一类香气物质,它在酒的香气成分中起着极为重要的作用。

②酱及酱油的香气。酱和酱油多是以大豆、小麦为原料,经霉菌、酵母菌等的结合作用而形成的调味料。酱及酱油的香气物质是制作后期发酵产生的,其主要成分有酯类、醇类、醛类、酚类和有机酸等。

三、调香工艺的意义和方法

(一)调香的意义

调香是菜肴调制工艺中一项独立于调味和调色的十分重要的基本技术。所谓调香,即调和菜肴的香气,是指运用各种呈香调料和调制手段,在调制过程中,使菜肴获得令人愉快的香气的过程,又称调香工艺。调香与调味一样重要,香气是食品风味体系的必要组成部分之一,也是判别食品美丑优劣最为前导的依据。香气能刺激人的心理冲动:红烧肉香能激发人们的饥饿感;清新的笋香能给予人们愉悦感。反之,尽管口味再佳,不好的气味也会让人对食物情绪索然。香气与口味构成了美食的主体,缺一不可。

(二)调香的方法

调香的方法,指利用调料来消除和掩盖原料异味,配合和突出原料香气,调和并形成菜肴风味的操作手段。其种类较多,主要有以下几种。

1.抑臭调香法

该方法指运用一定的调料和适当的手段,消除、减弱或掩盖原料带有的不良气味,同时突出并赋予原料香气。其具体操作方式主要有:

①将有异味的原料经一定处理后,加调料(如食盐、食醋、料酒、生姜、香葱等),拌匀或抹匀后腌制一段时间,使调料中的有关成分吸附于原料表面,渗透到原料之中,再通过焯水、过油或正式烹制,使异味成分得以挥发,此法为调香工艺的主要方法,兼有入味、增香、助色的作用。

②在原料烹制的过程中,加入食盐、料酒、香葱、胡椒、大蒜等同烹,以除去原料异味,并增加菜肴香气。此法适于调制异味较轻的原料。

③在原料烹调成菜后,加入带有浓香气味的调料,如香葱、蒜泥、胡椒粉、花椒粉、小磨香油等,以掩盖原料的轻微异味。

2. 加热调香法

该方法是借助热力的作用使调料的香气大量挥发,并与原料的本香、热香相交融,形成浓郁香气的调香方法。调料中的呈香物质在加热时迅速挥发出来,可溶解在汤汁中,或渗入原料中,或吸附在原料表面,或直接从菜肴中散发出来,从而使菜肴带有香气。此法在调香工艺中运用广泛。加热调香法有几种具体操作形式:

①炝锅助香,加热使调料香气挥发,并被油吸附,以利菜肴调香。

②加热入香,在煮制、炸制、烤制、蒸制时,通过热力使香气向原料内层渗透。

③热力促香,在菜肴起锅前或起锅后,趁热淋浇或撒入呈香调料,或将菜肴倒入烧红的铁板内,借助热力来产生浓香。

④醋化增香,在较高温度下,促进醇和酸的酯化,以增加菜肴香气。

广义上,加热调香法还应包括原料本身受热变化形成的香气。

3. 封闭调香法

该方法属于加热调香法的一种辅助手段。调香时,呈香物质受热挥发,大量的呈香物质在烹制过程中散失掉了,存留在菜肴中的只是一小部分,加热时间越长,散失越严重。为了防止香气在烹制过程中严重散失,将原料在封闭条件下加热,临吃时启开,可获得非常浓郁的香气,这就是封闭调香法。烹调加工中常用的封闭调香手段有:

①容器密封,如加盖并封口烹制的汽锅炖、瓦罐煨、竹筒烤等。

②泥土密封,如制作叫花鸡等。

③纸包密封,如制作纸包鸡、纸包虾等。

④面层密封,做菜肴时可用面粉代替泥土密封。

⑤浆糊密封,上浆挂糊除了具有调味、增嫩等作用外,还具有封闭调香的功能。

⑥原料密封,如荷包鱼、八宝鸭、烤鸭等。

4. 烟熏调香法

这是一种特殊的调香方法,常以樟木屑、花生壳、茶叶、谷草、柏树叶、锅巴屑、食糖等作为熏料,把熏料加热至冒浓烟,产生浓烈的烟香气味,使烟香物质与被熏原料接触,并吸附在原料表面,有一部分还会渗入原料中,使原料带有较浓的烟熏味。烟熏分为冷熏和热熏两种,冷熏温度不超过 22 ℃,所需时间较长,但烟熏气味渗入较深,比较浓厚;热熏温度一般在 80 ℃左右,所需时间较短,烟熏气味仅限于原料表面。烹调加工常用的是热熏,如制作恩施熏肠等。按熏制时原料的生熟与否,烟熏还有生熏与熟熏之分。

 **楚菜案例**

红焖武昌鱼

今天的鄂州梁子湖,是武昌鱼的故里。梁子湖是目前中国保护最好的两个内陆城市湖泊之一,亚洲湿地保护名录上保存最完好的湿地保护

红焖武昌鱼
制作

区。万顷梁子湖以水质清纯著称,鱼类丰富,有各种淡水鱼类70余种,其中,就以武昌鱼最负盛名。

武昌鱼得名于三国。当年,孙权巡游湖北鄂城,发现城南几十里许有座小山,名叫武昌山,以武为昌,正合以兵武起家的孙权心意,即将鄂城改为武昌,同时还发现这里有一种滋味特美的鳊鱼,遂命名为"武昌鱼"。孙权定都武昌后,尽情享受武昌鱼,并用来赏赐功臣。这说明三国时期武昌鱼美味已被推崇。

伟人毛泽东品尝武昌鱼并留下千古绝唱,在《水调歌头·游泳》中写道:"才饮长沙水,又食武昌鱼。万里长江横渡,极目楚天舒。"

武昌鱼之美,首先在于自身滋味美,犹如"内功好";其次在于古往今来贤达名流的反复咏唱,已然形成一种深厚的文化积淀;再次在于湖北人烹调出的武昌鱼,味道属实好得很,成为经典而被世人传承。

红焖武昌鱼是武昌鱼系列最著名的代表菜品。

红焖武昌鱼备料及制作过程如下。

主材料:武昌鱼。

配料:高汤、熟猪油、熟鸡油、黄豆酱、食盐、大葱段、生姜片、生抽、蚝油、白糖、绍酒、胡椒粉、香醋、色拉油。

小贴士:红焖武昌鱼成品鱼形完整,色泽红润,鱼骨松酥,鱼肉糯软,微辣回甜,具有透、香、浓、醇、味美等特色。制作本菜的关键是火候,油炸和焖烧均需对火候熟练把握,若炸过火,则肉质干焦;火候不够,则肉不够酥,鱼骨也硬。

步骤一:初加工
①武昌鱼宰杀并清理干净;
②鱼身两面剞上十字花刀(每面7～9刀);
③鱼身用食盐、绍酒、姜片腌制3小时待用。

步骤二:炸制
①将腌制后的武昌鱼用清水洗去表面盐分,擦干体表水分,入七成热油锅中炸至定形;
②改小火炸约30分钟,至鱼骨酥脆时捞起沥油待用。

步骤三:调香
①锅置火上,加熟猪油、熟鸡油烧热;
②放入大葱段、姜片炒香,加入黄豆酱煸香;
③倒入高汤,旺火烧开。

步骤四:焖制
①加入食盐、生抽、白糖、蚝油、胡椒粉、香醋调味;
②改中火煮约10分钟,将汤汁过滤待用;
③锅置火上,放入武昌鱼,倒入过滤后的汤汁,紧盖锅盖,改小火焖约3小时。

步骤五:装盘
①至鱼骨酥软,出锅装盘;
②浇上原汤撒葱花即成。

第三节　着色工艺

食料的本色与食品之色并不等同,食品之色来源于食料之色又优于食料之色,当食料之色不能满足心理色彩需求标准时对其进行某些净化,增强抑或某些改变的加工,就是着色工艺。本色体现的是材质之美,成品之色体现的是工艺之美,但工艺之美必须建立在自然美的基础之上,使白者更纯、红者更艳、绿者更鲜、黄者更亮、暗淡者有光、灰靡者悦目,尽显新鲜自然的本质。一切有悖于此者,都不具有中国烹饪着色工艺的性质和意义。美好的色彩是优良菜点新鲜品质的象征。例如:洁白表示蛋白的细嫩;姜黄表示油鸡的肥润;酱红表示烧菜的醇浓。这里,我们首先了解一些关于食品色彩的色素来源。

一、原料色泽的来源

就色素的来源而言,可分为动物、植物、微生物色素三大类,以植物色素最为缤纷多彩,是构成食物色素的主体。这些不同来源的色素若以溶解性能区别,可分为脂溶性与水溶性色素。从化学结构类型来区分,则为吡咯色素、多烯色素、酚类色素、醌酮色素以及其他类别色素。可以说,色素存在于绝大多数食物之中。用以提炼作菜点着色使用的一般有如下品种。

1. 叶绿素铜钠盐

食品中加入适量的色素,有助于改善食品的外观,提高人们的食欲。绿色素有全人工合成、半人工合成(将天然色素进行部分化学处理后的产品)和天然提取物 3 种类型。随着人们生活水平的提高,天然色素和半人工合成色素越来越受到人们的青睐。由菠菜等绿色植物提取的叶绿素是一种天然色素,它可直接用于食品,但其在光和热的作用下很不稳定,在使用时受到了一定程度的限制。因此,生活中通常会使用到叶绿素铜钠盐,它是天然叶绿素经化学处理后的一种安全食用色素,其性质稳定,色泽鲜亮。植物叶子中叶绿素的含量很低,大约仅占鲜叶质量的 0.3%,而风干的蚕沙(粪)中叶绿素的含量比树叶高出 6～7倍。因此,蚕沙是制取叶绿素铜钠盐的优良原料。叶绿素铜钠盐不仅可用于食品工业,而且还可用于制药业、日用化工业等各领域。

叶绿素铜钠盐已被国际有关卫生组织批准用于食品上,也是我国批准允许使用的食用天然色素。

我国 GB2760—2014《食品安全国家标准　食品添加剂使用标准》中,叶绿素铜钠盐的应用范围有:冷冻饮品、蔬菜罐头、熟制豆类、加工坚果与籽类、糖果、粉圆、焙烤食品、饮料类、果蔬汁(浆)类饮料、配制酒、果冻等。一般最大使用量为 0.5 g/kg。

2. 类胡萝卜素

类胡萝卜素是一类重要的天然色素的总称,它普遍存在于动物、高等植物、真菌、藻类的黄色、橙红色或红色色素之中。

目前已知 600 多种类胡萝卜素,其中约有 50 种存在于可以食用的水果与蔬菜中。有 6种是常用的食用色素,分别是:α-胡萝卜素、β-胡萝卜素、番茄红素、叶黄素、玉米黄质和隐黄质。

①α-胡萝卜素:当人体需要的时候,会将其转化为维生素 A,研究表明,α-胡萝卜素可以

显著减少动物肿瘤的发生,在对抗自由基对皮肤、眼睛、肝脏和肺组织损伤方面,效果比β-胡萝卜素强很多。

食品与补充剂建议:较佳食物来源是烹饪过的胡萝卜和南瓜。如果是补充剂,有单独销售的 α-胡萝卜素,但一些混合的类胡萝卜素和抗氧化剂配方中也含有该种胡萝卜素。笔者的推荐是,每天摄入 3～6 mg 混合类胡萝卜素。

②β-胡萝卜素,仅在人体必需的时候会转化为维生素 A,剩余的可以作为抗氧化剂;可以抑制自由基的形成。此外,研究还发现,它可以帮助强化免疫系统,减少动脉硬化、心脏病发作、脑卒中的发生,减少白内障形成。

食品与补充剂建议:请寻找色彩明亮的水果与蔬菜,如杏、红薯、西兰花(蒸熟的更好)、哈密瓜、南瓜、胡萝卜、芒果、桃、菠菜等。补充剂为单独销售的,但 β-胡萝卜素经常也含在混合类胡萝卜素配方和多种维生素、抗氧化剂配方中。

警惕:如果患有甲状腺功能减退症,人体可能无法将 α-胡萝卜素或 β-胡萝卜素转化为维生素 A,这时最好避免使用这些补充剂。

③番茄红素:这种类胡萝卜素没有任何一种维生素 A 前体的活性,这表明即使人体有需要,它也不可能转化为维生素 A。番茄红素的抗氧化能力明显强于 β-胡萝卜素。番茄红素是番茄、西瓜、红柚以及其他蔬菜和水果显现红色的原因。研究表明,番茄红素可以抑制多种癌细胞的生长。

食品与补充剂建议:血液中的番茄红素水平随年龄增长而下降。而且,番茄红素是脂溶性色素,除非加热或者与少量脂肪(如橄榄油等)合用,否则人体不能很好地将之吸收。因此,加热烹饪过的番茄能提供比普通番茄更多的番茄红素。所以,如果年龄超过 50 岁,每天并不将番茄作为基本饮食,那么建议进餐时服用胶囊补充剂,每天 6～10 mg。

④叶黄素:这是另一种不会在人体内转化为维生素 A 的类胡萝卜素,但它的抗氧化作用很强。研究发现,叶黄素可以清除紫外线照射产生的自由基,延缓黄斑退化,后者是年龄在 65 周岁以上的老年人最常见的失明原因。

食品与补充剂建议:叶黄素在菠菜和羽衣甘蓝中含量丰富,因此,如果每天这些蔬菜吃得足够,可能就不需要额外的补充剂。不过,如果不喜欢这些特殊的蔬菜,可以找一找叶黄素片剂以及其他复合产品(其中应至少含有 6 mg 叶黄素)。如果是分开服用,建议每天的某次进餐时,服用片剂 6～20 mg。如果正在服用药物或者降低脂肪吸收的补充剂(如奥里斯特拉油或壳聚糖),会削弱人体利用叶黄素的能力。另外,如果对金盏花过敏,就需要避免使用叶黄素。

⑤玉米黄质:这种类胡萝卜素与叶黄素相似,也可以减少自由基造成的眼底黄斑退化,保护视力。玉米黄质也可以通过清除自由基,减缓肿瘤细胞的生长速度。

食品与补充剂建议:玉米黄质在莴苣、菊苣叶、甜菜叶、菠菜和黄秋葵中含量丰富。如果饮食中不常含有这些蔬菜,可以考虑使用混合胡萝卜素,其中应含有玉米黄质 30～130 mg,每天进餐时服用。

⑥隐黄质:当人体需要的时候,它可以转化为维生素 A。有研究将患宫颈癌的女性血液中的隐黄质水平与无宫颈癌女性的进行比较,结果表明,无宫颈癌的女性血液中的隐黄质水平明显高于患宫颈癌女性,这提示隐黄质可能在一定程度上能预防宫颈癌的发生。

食品与补充剂建议:为了健康,每天要让自己摄入一些含隐黄质的食物,如桃、木瓜、橘子、柑橘等,或含有隐黄质的混合类胡萝卜素补剂,推荐剂量为每天 3～6 mg。

3. 红曲色素

红曲色素是一种由红曲霉属的丝状真菌经发酵而成的优质的天然食用色素,是红曲霉的次级代谢产物。红曲色素,商品名叫红曲红,是以大米、大豆为主要原料,经红曲霉菌液体发酵培养、提取、浓缩、精制而成,及以红曲米为原料,经萃取、浓缩、精制而成的天然红色色素。

红曲色素的生产方法主要有固态发酵法和液态发酵法。固态发酵法是传统的生产方法,以大米、面包粉等为原料直接接种红曲菌进行发酵,得到的产品主要为红曲米和红曲红色素。其中,红曲红色素是指将原料发酵后提取得到的醇溶性红曲色素,或之后添加豆粉酶解液等含氮物质与之反应,生成的水溶性红曲红色素。液态发酵法是在固态发酵法的基础上进行改进后的生产方法,这种方法生产的红曲红色素,主要成分是水溶性的复合色素。

红曲色素耐热性能良好,紫外线照射不褪色。红曲色素不溶于水,但可溶于乙醇的水溶液中,经试验,未添加酒的菜肴中,红曲色素的着色效果不够理想。红曲色素还具有良好的着色性能,能赋予肉制品特有的肉红色和风味,同时红曲色素具有较强的抑菌作用。日本远藤章氏的抑菌试验结果表明,红曲霉菌在生长代谢过程中可以产生具有杀菌或抑菌作用的活性物质,试验证明抗菌活性物质中部分是色素成分。红曲色素作为一种天然色素,应用在肉制品中不仅可以降低 60% 的亚硝酸盐使用量,还可以增加产品的氨基酸含量,赋予产品特殊的风味。

4. 花青素

花青素可为食物着色,是一组在植物中发现的深红色、紫色和蓝色色素。现在已知的花青素有 20 余种,主要有天竺葵色素、矢车菊色素、飞燕草色素和三种甲氧基取代的衍生物,即芍药色素、牵牛花色素及锦葵色素。

花青素在有氧化剂存在的情况下极不稳定,需要避光、防潮保存。紫外线会诱导花青素分解和氧化。固体花青素在 −20 ℃ 避光条件下可保存 2 个月左右,4 ℃ 避光条件下保存 50 天左右,室温避光条件下保存 16 天。花青素的化学性质比较活泼,对光、热敏感,加热可被破坏,在酸性环境中稳定,遇碱呈紫蓝色,而遇铁、铝则呈灰紫色。

花青素往往富含于红色、紫色、蓝色或黑色的水果、蔬菜和谷物中,尤以浆果中的含量最高,如黑接骨木浆果和野樱莓(苦莓)。蓝莓、黑莓、覆盆子和草莓中也含有丰富的花青素。

含有花青素的食物可分为以下几类。

①水果:黑李子、血橙、樱桃、黑葡萄和红葡萄以及石榴。

②蔬菜类:红甘蓝、红洋葱、红萝卜、紫菜花、紫玉米、紫茄子皮。

③豆类和大米:黑豆、黑米和黑大豆。

④饮料:葡萄汁和葡萄酒。

花青素具有改善视力、抗氧化的功效,对保护视力以及保护皮肤有一定的作用。而且花青素还能够抑制活性氧的形成,对辅助抗菌消炎也有一定的作用。

虽然花青素对人体健康有好处,但是在食用时不可以过量摄入,过量摄入后可能会对肠胃造成刺激,容易引起恶心、呕吐等肠胃不适症状。

5. 姜黄色素

姜黄色素能为产品提供一种明亮的黄色,有时还可作为柠檬黄的替代品。姜黄色素是蘘荷科植物姜黄根茎中提取的黄色色素,是一种二酮类化合物,易溶于水、醇、酸或醚中,遇碱立即变红,中和后复原;有特有的味道与香气;耐还原性、染着性均强,但耐光性、耐热性及耐铁等金属离子性较差,姜黄色素具有光照不稳定性,需要不透明的包装来保持明黄色,通常用于凉菜中对鸡、鸭、牛肉等着色,可使其给人以油嫩的印象。

姜黄素目前是世界上销量最大的天然食用色素之一,是世界卫生组织和美国食品药品管理局以及多国准许使用的食品添加剂。姜黄色素作为一种天然色素,在世界各地的使用量不断攀升,特别是在澳大利亚、马来西亚和日本。在亚洲,除了在调味料和酱料中作为香料,它还常用于多彩的零食和糖果制品。

6. 红花黄色素

红花黄色素是从红花的花瓣中提取出的天然黄色素,为查耳酮类化合物,有微毒。红花黄色素为黄色或棕黄色粉末,熔点 230 ℃,易溶于水、稀乙醇、稀丙二醇,几乎不溶于无水乙醇,不溶于乙醚、石油醚、油脂、氯仿等有机溶剂,遇醋酸铅产生沉淀,能被活性炭吸附,其颜色随 pH 值的不同而改变。在 pH 值 2~7 范围的酸性溶液中不变色,呈黄色,碱性溶液中呈黄橙色,耐光性好,耐热性稍差。红花黄色素为水溶性色素,其水溶液呈鲜艳黄色,不产生沉淀;其毒性极低、着色力强、色调稳定;在红花中含量为 20%~30%。

红花黄色素是中国批准允许使用的食用天然色素、具有色泽艳丽、耐高温、耐高压、耐低温、耐光、耐酸、耐还原和抗微生物等优点。

一般来讲,在烹饪工艺中是直接利用新鲜有色原料的萃取物对另一食料渲染达到着色的目的,同时也能对其他的味、香、质等菜品风味起到良好辅助效果,例如鸡蛋黄、胡萝卜泥、南瓜泥、青菜汁、南乳汁等。由于天然色素物质无毒性,目前对其开发研究成了调味品开发科学的一个重要课题,随着弱点被克服,天然色素将会在菜点及其他食品加工中得到更为广泛的应用。

二、着色的方法

对食品着色的方法有很多,依据不同的功能性质大致可分为净色法和发色法。

1. 净色法

净色法是一种去除原料杂色,露出其本色,使原料色泽更为鲜亮明丽的方法。具体方法如下。

①水漂法。使用清水对鸡、鱼、虾、猪等肌肉进行漂浸,可以去除肌肉纤维中所含的血渍和其他一些色素杂质,让原料本色更加纯净,肌肉外观更加洁白细嫩。

②蛋抹法。在蒸、氽、煎、烤的菜点生坯上抹一层蛋清或蛋黄浆膜,会使原料深浅色度平衡,让洁白的部分更加鲜亮,金黄色的部分更加色彩明朗,显得色度均衡,色相纯净。

2. 发色法

发色法是一种通过某些化学的方法,使原料中原本缺弱的色彩因素得到实现或增加的方法。目前主要使用的是食硝法与焦糖法。

①食硝法。食硝是硝酸盐及亚硝酸盐的简称。食硝的发色是其在肉中还原菌的作用

下,还原成亚硝酸盐,与肉中糖元降解产生的乳酸发生复分解形成亚硝酸。亚硝酸的水溶液很不稳定,在常温下可分解产生氧化氮,再与红蛋白和肌红蛋白结合产生鲜红色亚硝基血红蛋白和亚硝基肌红蛋白,从而使肌肉的色调得到改善,保持像新鲜时的鲜红色泽,达到发色的目的。

②焦糖法。焦糖法是利用糖在加热中所产生的焦化色素作用,使原料表面色泽产生变化的方法。食糖在加热至160～180 ℃时会焦化产生焦糖棕红色素,被称为"糖色"。因糖焦化的不同程度而产生金黄、棕红和枣红色彩。过焦化则为焦黑色。

上糖色有炒上色与浇拌上色两种方法,炒上色法是将食糖与主原料一同下锅煸炒直至出色。浇拌上色法则需先制糖浆,再对食料浇淋、抹涮或搅拌上色。

红烧武昌鱼

若论及武汉的特色食品,对武汉有所了解的朋友都能说出几个:武昌鱼、热干面、三鲜豆皮等等。武昌鱼系列的菜肴如清蒸武昌鱼、红烧武昌鱼以及鱼籴都是湖北传统经典名菜。

红烧武昌鱼没有复杂的调味,调味家常,其特点是吃辣不见辣、肉质鲜甜,味型不是特别惊艳,但让人一吃难忘。

古往今来,诸多美食行家对于武昌鱼之味美可谓推崇备至,这也引得众多文人墨客纷纷以诗文记之。南北朝时期的文人庾信曾在《奉和永丰殿下言志十首》中写下了:"还思建邺水,终忆武昌鱼。"唐代诗人岑参在《送费子归武昌》中也写:"秋来倍忆武昌鱼,梦著只在巴陵道。"南宋诗人范成大在途经武昌时曾品尝过武昌鱼的美味,便忍不住在《鄂州南楼》中写道:"却笑鲈乡垂钓手,武昌鱼好便淹留。"

古人不仅爱吃武昌鱼,对于武昌鱼的各种做法也是颇有心得。清代袁枚的《随园食单》和李渔的《闲情偶寄》中都有对武昌鱼做法的详尽记载。

红烧武昌鱼备料及制作方法如下。

主材料:武昌鱼。

配料:大葱、姜、蒜、小葱、色拉油、豆瓣酱、辣椒酱、料酒、陈醋、生抽、老抽、海鲜酱、花生酱、红油、白糖、猪油、麻油、白胡椒粉、鸡精。

小贴士:①在煎鱼前,可以用生姜抹一下锅底,用小火多烧一会,这样的锅煎鱼就不容易粘。②腌制鱼的时候多放点料酒,这样容易去腥味。③在煎武昌鱼时,往锅中多放入一些食用油,可使鱼在煎炸时不破皮粘锅。

步骤一:初加工
①大葱葱绿部分切成丝,放入清水中浸泡,作为摆盘装饰,葱白部分切片备用;
②姜、蒜切片,小葱洗净备用;
③武昌鱼宰杀并清理干净。

步骤二:炸制
①锅内倒入半锅油烧热,将鱼下锅炸制;
②待鱼炸至双面金黄,后转小火炸20分钟左右,至酥脆捞出。

步骤三：调味

①锅内放一些色拉油，倒入大葱白、姜片、蒜片、小葱翻炒出香味；

②捞出残渣后，再放入姜片、蒜片、豆瓣酱、辣椒酱小火翻炒。

步骤四：着色

①放入料酒、陈醋、生抽、水、少许老抽、海鲜酱、花生酱翻炒均匀；

②将鱼放入锅中着色，中火焖煮；

③加入红油、少许白糖、猪油、麻油，焖至收汁。

步骤五：装盘

①出锅前加入少许白胡椒粉、陈醋、鸡精，去掉锅内残渣，将锅内汁水再次烧开淋到鱼上；

②放上葱丝、装饰花草，摆盘装饰。

第四节　着衣工艺

着衣工艺包括上浆、挂糊、拍粉和着芡，其主要作用是：

①保嫩与保鲜；

②保形与保色；

③增强风味的融合，质构更为合理。

尽管各工艺作用相似，但具有不同的工艺标准和方法。首先从上浆说起。

一、上浆工艺

上浆，是将盐、料酒、葱、姜汁等调味料和淀粉、鸡蛋清等直接加入肉类原料中搅和均匀成浆状物质，经过加热，使原料表面形成浆膜的一种烹饪手段。上浆是炒、滑溜、软溜等烹调方法常用的技法，适合于质嫩、型小、易成熟的原料，成菜可达到滑嫩效果。

1. 上浆的种类

①水淀粉浆。这是最普通、简单的上浆，又称粉浆或干粉浆。主要用料是淀粉、清水，制作方法是先将原料用调料拌腌入味，再用水与淀粉调匀上浆。用于普通的炒菜，比如炒肉丝、滑鱼块等等。

②蛋清淀粉浆。蛋清浆主要用料有蛋清、淀粉、盐等调味品，制作方法有两种：一种方法是先将主料用调味品拌腌入味，然后加入蛋清、淀粉拌匀即可。另一种方法是用蛋清加湿淀粉调成浆，再把用调味品腌渍后的原料放入蛋清粉浆内拌匀，也可加入适量的油，便于原料拨散。

③全蛋淀粉浆。全蛋淀粉浆主要用料有全蛋（蛋清和蛋黄均用）、淀粉、盐等调味品，制作方法与用料标准基本上同蛋清淀粉浆。其作用可使菜肴滑嫩，微带黄色。多用于炒菜类及烹调后带色的菜肴。

④苏打浆。苏打浆主要用料有蛋清、淀粉、小苏打、盐、水等调味品。其作用可使菜肴松、嫩。适用于质地较老、纤维较粗的牛、羊肉等原料，如炒牛柳、小炒牛肉等。

2. 上浆的程序

上浆程序是：①将原料和调味料一起腌拌，搅拌均匀至肌肉表体有黏稠感；②用湿淀粉与蛋液（或水）调匀成浆料；③将腌好的原料与浆料一起搅拌，使原料外层均匀裹附一层浆状物质;④静置,待原料表面的蛋白质分子稳定,表面发生凝结;⑤适量添加一些油脂在浆料中拌匀,有利于原料在滑油时迅速分散,受热均匀。

楚菜案例

菊花鮰鱼肚

菊花鮰鱼肚是一道湖北名菜,主材选用湖北地区特有食材——笔架鱼肚。笔架鱼肚又称为石首鮰鱼肚,是经传统工艺制作而成,独产于湖北石首市,并有"此物唯独石首有,走遍天下无二家"之美誉,堪称世间珍品。

石首有一座临江的笔架山,山形酷似笔架,林木葱茏。笔架山一带环境优美,而且江中多石滩,是鱼类最喜欢的栖息场所,更成为鮰鱼的天然乐园。鮰鱼爱在急流中游动,常溯水游到石首笔架山脚下产卵。而这种特有的鮰鱼,体色粉红,背腹呈灰白,尚有玉石琥珀光,无鳞、少刺、肉细、味鲜、嫩如脂,它的肚(即鮰鱼腹中的鳔)很特别,个大如掌,雪白肥厚,晒干后重约 100 g,其外形和肚内隐隐可见的凹凸三角形阴影图案,近似长江边的笔架山,笔架鱼肚便由此得名。

相传早在明朝洪武二十年(1387 年),石首笔架鱼肚曾作为"贡品"敬献给明太祖朱元璋享用。长期以来,笔架鱼肚还被人们作为馈赠亲友的上等礼品和待客的佳肴。20 世纪50 年代,这一名冠天下的稀有水产品——笔架鱼肚,首次在广交会展出,即得到中外来宾好评,成为我国出口食品中最受欢迎的珍品之一,从而名播海外。笔架鱼肚食疗功效高,其中含有丰富维生素 E,具有不错的抗氧化作用,食用可以延缓肌肤衰老,并且其中的不饱和脂肪酸、卵磷脂含量丰富,可以增强皮肤表面细胞的活力,使皮肤细嫩、有弹性,使头发乌黑柔亮,具有乌发养肤功效,是女性美容不可忽视的佳肴。鱼肚食法多样,可烩、烧、炖。著名的鱼肚菜有芙蓉鱼肚、三丝鱼肚羹、菊花鮰鱼肚等。

下面介绍菊花鮰鱼肚的备料及制作方法。

主材料:胖头鱼尾、石首笔架鱼肚、鸡肉。

配料:熟猪油、冰冻姜葱水、浓汤、鸡蛋、食盐、味精、生粉、鸡油、蟹黄。

小贴士:要想鮰鱼肚制作后形如菊花,色泽洁白,质感滑润,滋味鲜美,以下几点一定不能少。①鮰鱼肚制作时可在炒锅中多放入一些水,加入胡椒粉和白酒搅拌。这样一来可以杀菌,二来可以去除腥味。②鮰鱼肚倒入开水中,等上 10 秒钟后用漏勺捞出来放入盛满冷水的盆中,这一热一冷的刺激能让鮰鱼肚吃起来更脆口。③在冷水中浸泡 3 分钟左右,还需要把鮰鱼肚单个捞起来翻一下,将内部的油脂挤出,吃起来口感会更好。

步骤一:初加工

①笔架鱼肚浸泡12 小时后冲水,清洗干净待用;

②胖头鱼尾去鳞洗净,鱼皮朝下,用刀从鱼尾至鱼头方向刮取净白鱼肉 500 g。

步骤二:制鱼蓉

①鱼肉漂净血水后放入电动搅拌机内,加入 3 个鸡蛋清、500 g 冰冻姜葱水搅成鱼蓉;

②鱼蓉倒入钵内,调入食盐、味精,顺时针方向搅拌上劲;

③再加入生粉 50 g,熟猪油 50 g,搅拌均匀待用;

④将 9 寸平碟抹上熟猪油,放入冰箱将猪油冻硬待用;

⑤将搅拌好的鱼蓉装入裱花袋中,裱在油碟上,裱成多种菊花形状待用;

⑥锅置火上,倒入清水,烧热至 90 ℃,将裱好的菊花鱼蓉连盘放入锅中氽熟(菊花鱼会跟平盘自然脱离);

⑦将浮在水面的菊花鱼蓉捞起,放入清水中待用。

步骤三:上浆

①将泡好洗净的笔架鱼肚和鸡肉切成丝状,加入水和淀粉均匀上浆;

②一起入锅用浓汤、鸡油调味勾芡,装入碟中。

步骤四:摆盘

①将氽好的菊花鱼蓉放入蒸柜中加热;

②取出摆放在烩好的鱼肚和鸡丝上,点缀蟹黄即成。

二、挂糊工艺

挂糊是在烹制之前将原料表面均匀裹上一层糊液的过程。它的原理和作用与上浆是基本相同的,但在制作工艺等方面与上浆有明显的区别,在用料方面与上浆也有一定的差异。

1.上浆与挂糊的区别

①稠稀程度不同。挂糊所用面粉或淀粉较多,糊稠而厚。上浆所用淀粉较少,浆稀而薄。

②调制方法不同。挂糊是先将各种制糊的原料(如面粉、淀粉、水、蛋液等)放在一个容器中搅拌均匀成糊状,然后再将主料放入糊中挂匀。上浆则是把主料与各种制浆的原料(如各种调味品、蛋液、淀粉等)依次直接加在一起拌匀。

③用途及特点不同。挂糊主要适于用炸、熘、烹、煎、贴、拔丝、挂霜等烹调方法制作的菜肴,成菜具有松软、酥脆的特点。上浆多适于用滑炒、滑熘、爆炒等烹调方法制作的菜肴,成菜具有滑嫩、柔软的特点。

2.糊的种类及调制

目前各地所用糊的种类很多,依据挂糊成菜所形成的质感和用料,大致可作如下分类。

①水粉糊(干炸糊)。

原料构成:淀粉、冷水。

调制方法:先用适量的冷水将淀粉澥开,再加入适量的冷水调制成较浓稠的糊状。

②蛋清糊(蛋白糊、白汁糊)。

原料构成:鸡蛋清、淀粉(或面粉)、冷水。

调制方法:在打散的鸡蛋清内加入干淀粉(或面粉),搅拌均匀。

③蛋黄糊。

原料构成:淀粉(或面粉)、鸡蛋黄、冷水、猪油。

调制方法:用淀粉(或面粉)、鸡蛋黄加适量冷水、猪油调制而成。

④全蛋糊。

原料构成:淀粉(或面粉)、鸡蛋黄、鸡蛋清。

调制方法:打散全蛋液,加入淀粉(或面粉),搅拌均匀即可。

⑤蛋泡糊(高丽糊)。

原料构成:干淀粉(或面粉)、鸡蛋清。

调制方法:用蛋抽子(或筷子)将蛋清抽打成泡沫状(插入一只筷子而不倒),然后加入干淀粉(或面粉)调和均匀即成。

⑥发粉糊(发面糊、发酵糊)。

原料构成:面粉、冷水、发酵粉。

调制方法:面粉中先加入少许冷水搅匀,再加适量冷水继续将粉糊澥开,然后放入发酵粉拌匀,静置 20 分钟即可。

⑦脆皮糊。可用老酵母制作,也可用干酵母制作。

a.老酵母脆皮糊。

原料构成:面粉、淀粉、老酵母、水。

调制方法:把面粉、淀粉、饧发好的老酵母放进盆里,搅拌均匀,然后分多次加入清水,一边倒一边搅拌,直到变成细腻的面糊。把面糊放在温暖处发酵,等到面糊表面出现气泡即可。

b.干酵母脆皮糊。

原料构成:面粉、淀粉、干酵母、水。

调制方法:将面粉、淀粉、干酵母,搅拌均匀,调入清水,边倒边搅拌,直到面糊呈边缘粗糙的粗线状,且表面没有大的气泡。室温发酵 20～25 分钟,直到面糊表面出现密集的小气泡。

⑧干粉糊。

原料构成:干面粉或干淀粉。

调制方法:把原料用调味品腌制后,用干淀粉沾满表面即可。

⑨拍粉拖蛋糊。

原料构成:干面粉(或干淀粉)、鸡蛋。

调制方法:原料经腌制后,在干面粉或干淀粉中沾匀,再蘸匀蛋液即可。

⑩特殊的糊(沾挂)。

原料构成:干面粉(或干淀粉)、鸡蛋、面包糠。

调制方法:原料经腌制后,先在其表面沾满干面粉,然后放入蛋液中蘸匀,最后在原料表面再沾上面包糠。

3.挂糊操作要领

①要灵活掌握各种糊的浓度。较嫩的原料所含水分较多、吸水力强,则糊以稀一些为宜;如果原料挂糊后立即进行烹调,则糊应稠一些;如果原料挂糊后不立即烹调,糊应当稀一些;冷冻的原料内部水分外溢较多,糊可稠一些。

②恰当掌握各种糊的调制方法。制糊时,必须掌握"先慢后快、先轻后重"的原则。

③挂糊时要把原料全部包裹起来。

④根据原料的质地和菜肴的要求选用适当的糊液。

⑤注意挂糊的时机。挂糊后的原料应迅速进行烹调,放置时间长了会"脱糊",从而影响菜肴的质量。

楚菜案例

鱼圆狮子头

鱼圆狮子头是一道将荆楚菜与淮扬菜融合的菜肴。

湖北人讲究无鱼不成宴。同时,又有吃鱼不见鱼的说法。鱼圆是湖北最有烟火气的美味之一,手打鱼丸,多采用的是胖头鱼,就是吃鱼不见鱼的做法。

本菜成品特点是:汤色清亮,滋味鲜美,形态美观,寓意吉祥,鱼圆与狮子头相映成趣。制作加工时将手工拌好的鱼蓉揉成奶白色圆子,一口咬下去则"噗噗"飙汁,捣碎的狮子头与枸杞交织,尽享鲜、嫩、暖、香、甜之口感。在冬天,给家人做一碗鱼圆狮子头,爱吃鱼和不爱吃鱼的人都被拿捏住了!

鱼圆狮子头备料及制作方法如下。

主材料:猪五花肉、胖头鱼尾。

配料:去皮马蹄、清汤、菜心、鸡蛋、大葱、生姜、大白菜叶、枸杞、熟猪油、淀粉、食盐、味精、胡椒粉。

小贴士:此道菜中鱼圆的加工是重点,需注意以下几点。①捏鱼圆时要用手掌的虎口,小汤勺辅之,以将鱼圆放入清水。②加热鱼圆时,要用 30 ℃温水下锅,鱼圆浮其上,此间要不断地扬汤止沸并让鱼圆翻滚。水要沸没沸之际加入冷水,以防止鱼圆膨胀。③判断鱼圆是否煮好的标准是,手指按下去能回弹,做好的鱼丸,要求落地不碎,咬下一口,有清晰可见的牙印,并且不会因此而变扁。

步骤一:初加工

①去皮马蹄切黄豆大小的丁状,冲水去甜味待用;

②将经过冷却排酸的猪五花肉切成黄豆大小的肉丁;

③将肉丁放入盆中,加入食盐、胡椒粉、马蹄丁、姜葱汁、冰清水,一起搅和上劲,搓成一个大狮子头待用。

步骤二:挂糊

①取鸡蛋的蛋清,加入淀粉,打成蛋清糊;

②将狮子头挂蛋清糊,放入开水锅中,待蛋清凝固定形后捞起。

步骤三:炖制

①将成形的狮子头转入另一个盆(或砂锅)中;

②加入适量清水,盖上大白菜叶,用文火炖约 4 小时待用。

步骤四:制鱼蓉

①将胖头鱼尾去鳞去骨,刮取白鱼肉,放入盆中漂净血水,转入电动搅拌机中,加葱姜水、鸡蛋清,搅拌成细腻的鱼蓉;

②鱼蓉倒入盆中,再放入食盐、味精,用手以顺时针方向搅拌均匀,加熟猪油增白去腥;

③加水淀粉,继续顺时针方向搅打上劲,挤成乒乓球大小的鱼圆,氽入凉水中,小火加热至熟,捞出冲凉备用。

步骤五:调味

①砂锅置火上,加清汤烧开,调入食盐、味精;

②放入狮子头、鱼圆、菜心、枸杞,再次用小火烧开即成。

三、拍粉工艺

将原料表层滚沾上干性粉粒,谓之拍粉。干性粉粒包括面粉、干淀粉、面包粉、椰丝粉、芝麻粉等原料,其主要作用是使原料吸水固形、增强风味,并具有一定的保护作用。拍粉被广泛应用于炸、煎、熘类菜肴之中,原料经拍粉后,受热的变形率较小,并且有外层金黄香脆、内部鲜嫩的特点。一般拍粉的菜肴比挂糊更为香脆,但嫩度稍欠。拍粉有如下方法。

1. 干拍粉

干拍粉即直接将干粉拍沾在原料上,无上浆过程,主要作用是对原料吸收水分,强化固形。以鱼拍粉为主要形式,方法是先将原料腌制,带湿拍粉,形成外壳。适用于熘菜,如菊花青鱼、松鼠鳜鱼等。特点是条纹清晰,物面平整,成形方便美观,但嫩度不够。

2. 上浆拍粉

上浆拍粉即先上浆后拍粉。上浆的作用是加强对原料的嫩度保护和粉粒的附着性,适用于板块面原料,但不适于复杂花形。特点是外脆里嫩,形体饱满,但条纹难以清晰。

拍粉与挂糊、上浆一样,均需预先将原料腌拌入味或致嫩。不同的是在临灶加热前拍粉,不宜久置,否则粉粒吸水作用而膨胀,形成葡萄面状,从而有损于菜肴成品的美观和质感。拍粉还需按紧并抖净余粉,防止加热时脱粉和对油质生成过多的污染。

功夫素菜球

荸荠,又名马蹄、水栗、芍、凫茈、乌芋、菩荠、地栗、茨瓜儿等,是莎草科荸荠属一种。莎草科荸荠属浅水性宿根草本,以球茎作蔬菜食用。因它形如马蹄,又像栗子而得名。称它为马蹄,仅指其外表;说它像栗子,不仅是形状,连性味、成分、功用都与栗子相似;又因它是在泥中结果,所以有地栗之称。

湖北多地有种马蹄的习惯,近年经过改良品种,精心培育,种出的马蹄球茎扁圆肥大,表面平滑,呈栗色或柔红色。含水分多且糖分高,肉色白嫩松脆,滋味清甜可口。有清热、化痰、消积之功效,是清凉食品,又可作水果吃或作佐料炒鸡,也是水果罐头中的上乘品种。

功夫素菜球便是由马蹄作为主料之一的一道特色楚菜。功夫素菜球备料及制作方法如下。

主材料:菠菜、杏鲍菇、马蹄。

配料:橄榄油、食盐、味粉、白胡椒、鸡蛋、生粉、面包糠。

小贴士:①素菜球沾生粉后不能马上入锅油炸,否则生粉会掉光;②菠菜和豆腐尽量不一起吃,如餐席中有豆腐菜肴时,可以将菠菜换成其他的蔬菜,如豆苗等;③若想功夫素菜球味道好,可加入一些紫菜,并且一定要用到马蹄。

步骤一:初加工

①将杏鲍菇、马蹄切5毫米见方的小丁备用;

②菠菜飞水后过冷水冷却,充分挤干水分后剁碎;

③放入盐、味粉、白胡椒、切好的各种小丁、橄榄油,和匀后做成 25 g 一个的圆球坯子备用。

步骤二：拍粉

①将制好的圆球坯子均匀拍上薄薄一层生粉；

②沾上鸡蛋液，裹面包糠制成素菜球半成品。

步骤三：炸制

①取一炒锅，开油锅，油温烧制3成热，下入素菜球半成品；

②保持3～4成油温，浸炸3分钟后收油出锅；

③沥去多余油脂装盘即可。

四、着芡工艺

着芡又叫"勾芡"，指在菜肴成熟或即将成熟时，投入淀粉粉汁，使卤汁稠浓，黏附或部分黏附于菜肴之上的过程。其主要是利用淀粉受热吸水糊化，在菜肴中形成稠黏状的胶态卤汁，谓之美汁。

1. 着芡的作用和意义

在中国菜肴中，芡汁是评定菜肴质量的重要依据之一。由于各种原料及制熟加工的不同要求，着芡有如下一些作用。

①增加菜肴汁液的黏稠度。在菜肴中，加热使原料体液外流，与添加的汤水及液体调味品汇合而形成了卤汁。一般来说，卤汁较为稀薄，不易附着在原料表体，因此，给人以"不入味"的感觉。着芡后，粉汁的糊化作用增加了菜肴卤汁的稠黏性和浓度，使之能较多地附着在菜肴之上，提高了人对菜肴滋味的感受及汤汁绵厚的感觉，同时又使得整道菜肴滑润、柔嫩、鲜美的风味增强了。

②保质、保光，延迟冷却时间。芡汁紧包原料，可防止原料内部水分外溢，从而保持了菜肴嫩滑的口感，又使形体饱满而不易散碎。由于淀粉的糊化，具有透明的胶体光泽，能将菜肴与调味色彩更加鲜明地反映出来，具有良好的光影效果，显得光滑明亮，并能减慢原料内部热量的散发，延长冷却时间。

2. 着芡的粉汁与着芡方法

将用于着芡的淀粉与水及其他材料一起调匀的液态剂，称为粉汁。常用粉汁有两种调制形式。

①单纯粉汁。即清水加淀粉，习惯上称为"湿淀粉"或"水淀粉"，是使用前调制的粉汁，关键是调制充分，无粉粒沉淀，浓度适中，淀粉粒须在水中均匀分散。

②混合粉汁。即在单纯粉汁中添加其他材料调匀，因调于碗中，并有调味、着芡两重作用，故习惯上又叫"碗汁"或"兑汁"，用于旺火速成的菜肴之中。

粉汁调制后需投入加热的菜肴中，使之糊化成为芡汁。着芡的方法因不同菜式而有泼入式翻拌着芡与淋入式推摇着芡两种。

①泼入式翻拌着芡。将粉汁迅速泼入锅中，在粉汁糊化的同时快速翻拌菜肴，使之裹上粉汁。这种方法具有覆盖面广、受热成芡汁迅速、裹料均匀的特点，素有"泼黄满天雨"之谓。一般使用"兑汁美"对旺火速成菜肴着芡，成芡大都为包芡。

②淋入式推摇着芡。将粉汁徐徐淋入锅中，一边摇晃锅中菜肴或推动菜肴，一边淋下粉汁，使之缓缓糊化成芡汁。这种方法具有平稳、糊化均匀缓慢的特点，又有"淋黄一条线"之说。一般用于中、小火力制熟的具有一定卤液的菜肴着芡，大多数采用单纯粉汁，成芡一

一般为薄质芡汁。尤其是一些易碎或形体较大的原料,若用泼入式翻拌着芡则难以达到糊化均匀的效果。

由于烹调方法及其菜肴的多样性、复杂性,因此,对着芡的时机与芡汁的把握十分重要。把握着芡的时机又与淀粉的糊化程度关系紧密。淀粉粒在适当温度下,在水中溶胀、分裂,形成均匀糊状溶液的作用称为糊化作用。各种来源的淀粉,其糊化温度不同,一般在 60～80 ℃。

3.芡汁的种类及其应用

不同菜肴所需芡汁的厚、薄、多、少是有区别的,根据芡汁厚度不同,有厚芡与薄芡之分。芡汁的厚薄主要区别于含淀粉量的多少。有关研究认为,厚芡的淀粉与水比例为 1:1.2,薄芡则为 1:2～1:5。在菜肴中,厚芡汁一般使用较少,薄芡汁一般使用较多,两者各具有不同的用途和性质。厚芡是对原料的裹覆,多用于炒、爆、熘等菜肴之中,具有增强菜肴主体风味的性质;薄芡是增加卤液稠黏质感,多用于烧、扒、蒸、烩等类菜肴之中,具有促进汤与菜滋味融合的性质。

4.着芡的操作要领

尽管着芡是对菜肴质量优化的一项重要的工艺手段,但绝不是盲目地应用于任何菜肴之中的,若将不宜的芡汁用于菜肴之中,则效果适得其反。一般情况下,要把握如下要领。

①准确把握勾芡时机。

②严格控制汤汁数量。

③勾芡须先调准色、味。

④注意芡汁浓度适当。

⑤恰当掌握菜肴油量。

⑥灵活运用着芡技术。

蟹黄芙蓉蛋

蟹黄是母蟹体内的卵巢和消化腺,色泽鲜艳,味道鲜美,能够提升食欲。蟹黄含有丰富的蛋白质,还有维生素A、维生素B以及钙、磷、钾等微量元素,适用于煮粥、炒制或者炖煮,其营养价值高,适量食用能帮助人体补充营养,还能增强体质。

但以下人群不宜食用螃蟹制品:①对螃蟹过敏者。螃蟹过敏者食用会引起皮肤红肿、皮肤瘙痒、头晕、恶心、呕吐、胸闷等过敏症状。②脾胃虚寒者。因螃蟹性寒,虽可起到清热解毒、润肺养颜的功效,但脾胃虚寒者大量食用则会损伤肠胃,引起腹痛、腹泻、大便稀溏、四肢不温等症状。③高胆固醇血症者。蟹黄中的胆固醇含量较高,高胆固醇血症者大量食用,则会增加血液中胆固醇的含量,从而诱发心血管并发症。

蟹黄芙蓉蛋是一道集美味、营养于一身的特色名菜,下面介绍其备料及制作方法。

主材料:新鲜草鱼、母大闸蟹。

配料:清鸡汤、熟猪油、鸡蛋清、生粉、食盐、味精、姜汁、葱汁。

小贴士:蟹黄芙蓉蛋成品特点是色泽洁白,光滑圆润,咸鲜滑爽。其中,蟹黄是此道菜的灵魂,在准备蟹黄原料时要注意以下几点。①清蒸是保留螃蟹原汁原味的最佳做法,若想要蒸出来的蟹黄成形,需用筷子从螃蟹两个眼睛中间戳进去,破坏掉它的大脑,让螃蟹"瘫痪",这样在蒸制的过程中,螃蟹就不会乱动,影响蟹黄成形;②在蒸屉中摆放螃蟹时,要将螃蟹腹部朝上,避免在蒸气加热时,导致蟹黄流失。

步骤一:初加工

①草鱼切尾部放血 15 分钟,宰杀治净;

②用刀刮取鱼肉后剁成细蓉。

步骤二:调味

①鱼蓉中加入生粉、食盐、味精、葱汁、姜汁、清水调味;

②顺时针方向搅拌上劲,再加入鸡蛋清、熟猪油,搅匀待用;

③大闸蟹入蒸锅蒸熟,取出蟹黄,加姜末、熟猪油搓成小指头大小的球状待用。

步骤三:余制

①将蟹黄球挤入鱼蓉中,制成直径 4 cm 大的蟹黄鱼圆;

②入冷水锅中,用小火余熟待用;

③锅置火上,加入清鸡汤,放入余熟的芙蓉蛋,大火烧开。

步骤四:着芡

①余熟的芙蓉蛋转小火继续煮约 2 分钟,勾芡;

②出锅装盘即成。

第六章　原料制熟工艺

 学习目标

　　通过本章内容的学习,使学生理解加热与非加热制熟加工原理,了解并掌握食物制熟加工的技能,针对不同食物选择合适的制熟方法,实现卫生、营养、美感高度统一的烹饪目标。

本章导读

　　制熟工艺的种类很多,根据熟制工艺中使用不同的热传递介质,可分为:以水为介质传热的制熟工艺、以油为介质传热的制熟工艺、以水蒸气为介质传热的制熟工艺、以空气为介质传热的制熟工艺和以固体为介质传热的制熟工艺等。本章详细介绍了各种热传递介质制熟工艺的方法以及典型楚菜案例,便于学生加强理解。

第一节　制熟工艺的基础

　　要掌握不同的制熟加工方法,需要对基础理论知识有充分认知,还要加强实践、实训,否则不容易形成整体而系统的理解。如何把握火候? 鱼汤为什么会发白? 肉质为什么会酥烂? 油炸食物时如何可以酥而不焦? 这些问题都建立在对制熟工艺基础的理解上。制熟加工的方法有时非常相似,但又因为细微的区别导致成品有很大的差异,因此需要理解各种制熟加工工艺的原理,对制熟加工的制备方法和条件进行区分。

一、热制熟加工的条件

　　据统计,制熟方法中 90% 以上是具有加热作用的,因此,热能与介质、食料是制熟加工的基本制备条件,称之为制熟加工三要素。通常将具备三条件者称为完整结构的制熟方法,本节主要讨论介质、温度、时间与食料变化的关系。

（一）热能与来源

　　热能指物质燃烧或物体内部分子不规则运动时释放的能量。烹饪制熟工艺的热能来源于燃烧热、电热、远红外、电磁、微波和太阳能等,目前以燃烧热的使用最为普遍,如煤炭、燃油、天然气和沼气等。

（二）热传递与传热介质

1. 热传递及其途径

热能对食料的加热，使之由生到熟具有三种热传递方式，即热辐射、热传导与热对流。这三种热传递具有不同的传热途径：①热辐射的传热途径是从热源沿直线向空间四周散射出去，物体以电磁辐射的形式发出能量，温度越高、辐射越强，波长亦随温度而变；②热传导则以某固体物质为中介，将热能从一端传至另一端，热量从温度高处往温度低处传导；③热对流则是物体间或内部的不同温度差所造成的势能相对流动形成的热传递。当流体与不同温度的固体接触时也产生交变现象，称为热交换。

2. 传热介质

介质是指物体系统在其间或物理过程在其间进行的物质。传热介质就是指在热源与食料之间热传递的中间物质，介质因运用方法的不同而对食料产生不同的作用。在多层介质中，以直接接触食料的介质层最为重要，谓之直接介质，其他为间接介质，例如用水直接接触并导热给食料，那么其制热方法就是具有水介质导热属性，依此类推，导热介质共有如下三类。

（1）气态传热介质

①干性空气。利用辐射热对原料加热时，当辐射散射在炉腔与食料时，会形成炉腔中空气的辐射换热环境，温度均衡上升，在环境中，水分易于蒸发而显得干燥，食料在辐射与对流导热的结合中均匀成熟。这种介质作用尤其在不见明火的烘炉中显得突出。

②蒸汽。蒸汽是液态物质汽化或固态物质升华而形成的气态物质。作为传热介质是水的热膨胀所形成的水蒸气，水分子在高温密闭的环境中会产生较大压力，受热部分会膨胀汽化而上升形成蒸汽，膨胀率达 1∶150，温度也会超过 100 ℃，达到 102 ℃，蒸汽在降温之时会下降而还原为水，蒸汽在气体与液体的循环运动中对食料加热。

③烟。烟也是一种蒸汽，由含水固体物质中的水分与其他挥发性物质在不充分燃烧的情况下蒸发形成，其导热的部分是水蒸气，而一些呈香的挥发性物质具有熏香的作用。

（2）液态传热介质

液态传热介质主要是水与食用油脂，由于液体介质具有流动性，必须用固体容器盛载。其传热途径是由固体容器将热量传导给液体介质。再由其传导给食料，再通过相互之间的能量互换，在热对流的作用下均匀受热成熟，因此液态物质是第三界面的导热介质。然而，水与油的加热性质却有质的区别。

①水。作为第三层介质，水直接与食料接触又与传热容器壁接触形成传导与对流结合的传热特点，邻近锅壁处，由于吸附作用，加热会出现高温界层。当食料过多沉着时易出现黏底焦煳现象，这是热量不能被迅速均匀地传导出去所致。因此需要人为地增加其对流速度，或采用间隔界面接触的方法使食料的沉降不能直接触碰到传热器壁。降温冷却时则会出现低温界层，食料在水中，其传热方式常以传导与对流相继出现为形式，例如将鱼缔在冷水中下锅氽出圆子的缓慢加热就是充分地利用这一原理。水的沸点是 100 ℃，其沸腾得越厉害，散热也就越多，水内温度则始终与微沸之水相等。

②油。食用油脂的传热方式与水相似，其在静止时，则传热与散热速度都小于水，但在加热后油分子的激烈运动使油脂在温度与散热速度上都大大地超过了水。食用油脂品种

较多,不同的油脂其发烟点、闪点和燃点也不相同,这主要取决于油脂中游离脂肪酸的含量。常用食用油脂的发烟点在 170～260 ℃,闪点在 210～330 ℃,而燃点一般在 350～390 ℃。由于油的憎水性质,高温油在遇水的情况下,由于温差较大,会引起激烈的爆溅,从而易对人体造成伤害。超过烟点的高温油,也会生成一些有毒物质,如乙二烯环状化合物等污染食品,油温达到闪点接近燃点则易造成火灾。因此,加热时对油介质的温度控制是十分重要的。原料在高温油中水分被快速而大量地蒸发,蛋白质结构被破坏,大量脱水而固化、脆化甚至焦化,这就要求对油介质温度的利用不能超过发烟点的上限。一般将油的温度分为十成,每 23 ℃范围为一成油温。例如复合调和油的发烟点是 210 ℃,猪油为 221 ℃,菜籽油为 220 ℃,豆油、花生油在 230 ℃左右。就食料而言,在相同油温中的受热变化的熟化程度是近似的,因此,十成油温测定具有广谱性质。

（3）固态传热介质

固态传热介质主要包括金属、砂陶、盐、石等。热力学认为,常温下热导率大于 0.2（卡）数值的干质材料不是保温材料,而上述物质的热导率皆大于这个数值,是良好的导热材料。尤以金属为优,因此锅具基本是铁、不锈钢、铜、铝等金属制品,被称为介质中的介质。固体导热基本以传导为主,对流则缓慢。金属导热主要是依靠自由电子的运动,其速度与含杂质多少有关,一般固体介质的热阻、厚度与受热面积决定了受温的高低与导热速度的快慢。砂陶物质由于热阻大,受热与导热慢,易破裂;而金属物质则导热迅速,易冷易热。盐则表现得吸热与散热皆慢,但蓄温性良好,例如盐焗鸡的盐温就达 200 ℃以上,正因为如此,盐作为第三层界面的介质,具有在恒温中缓慢导热的作用。

（三）火候与食料成熟度

我们知道,热源、热能、传热的方式、途径以及传热介质的使用具有许多丰富而复杂的内容,但最终都必须集中到食料的受热温度、时间和成熟度方面来。运用不同的能源,在相同的温度条件下,食物受热变化的成熟度是相等的,不同的温度会使食料形成不同的成熟度。因此,加热时对温度高低与时序长短变化关系的控制是至关重要的。

过去依据煤炭在炉中的燃烧状况对温度进行判断,称之为火候。但现代这种方法随着油、气和电化加热炉的普及已不合时宜,但火候因其本质上的实际意义,作为传统的专业性名词却依然具有重要的现实意义。与现代的操作特征结合,火候的现代含义就是对食物加热时热能的强弱、温度的高低、时序的长短变化的控制。由于食料的品种繁多,人们对食物的成熟度又具有多级性需要,对火候控制的复杂性和专业化成为热制熟工艺的关键,不同的控制要求形成各具特征的熟化烹调方法。实际上大多数具有终端热制熟性质的基本方法都是依据对火候的控制状况加以区别并描述的。例如将肉片炒老了,被称为火候过了;炖鸡肉未烂则称为火候不够等。

二、预热加工方法

（一）预热加工的性质与任务

在正式制熟加工之前,采用加热的方法将食料加工成基本成熟的半成品状态的过程叫预热加工。

预热加工的任务是:制熟前去除某些原料的腥臭、苦涩异味;加深某些食料的色泽;使某些原料增香、固形;实现多种原料同时制熟的一致性;缩短正式制熟加工的成菜时间。在性质上,预热加工并不具有独立的意义,而是从一种完整方法中割裂出来的片段,属于被分割方法的一个部分。例如,对"扒蹄"的"走红",就是为了最后加工的方便,利于批量供应,而"走红"本身正是扒法的一个部分;再如烧鱼,为了加强其色泽和香味,需预煎一下。

(二)预热加工方法

预热加工方法有水锅预热、汤锅预热、油锅预热、红锅预热、蒸锅预热等,前面三种方法运用最多,具有典型性。

1.水锅预热法

水锅预热法传统上又称为"焯水"或"飞水",即在水中烫一下的意思,主要作用是去除腥臭、苦涩之味,并有起色、定型的作用,水锅预热有冷水锅预热与沸水锅预热之分。

(1)冷水锅预热法

该方法是将原料与凉水一同下锅加热的方法,主要适用的原料有:①蔬菜中根、茎类,如竹笋、土豆、萝卜、山药、慈姑、藕等,这些原料所含苦涩味物质有一个较慢的转化过程,在冷水锅中随着水温的增加逐渐消除,若在沸水中,则易产生外烂而里未透的效果。②带骨的牛、羊、狗、兔肉块和蹄髈及肠胃之类原料,这些原料一般血渍重,异味强,如果用沸水则会使体表骤然受热收缩凝固,从而不利于肉内血污、腥气味充分排出。

(2)沸水锅预热法

该方法是将水加热至沸,再投入原料焯水的方法,主要适用的原料有:①蔬菜中叶、花、嫩茎、果类,如菜叶、青椒、莴苣等,沸水焯烫的时间短暂,能保持或提升其鲜艳的颜色及脆嫩的口感,如冷水下锅,则水沸叶黄,茎烂而易破坏。焯烫后须立即降温处理。②腥味少或质嫩的禽类,小的猪肉块、某些鱼、贝类等,如用冷水下锅,则易使之老化、失鲜或破碎。

一般来说,焯水是不得已而为之,在运用时应注意如下原则。

①根据原料的不同性质掌握时间。如绿色菜水复沸即可;块根略长,断生即可;肉类原料则以变色为度。

②色、味较重的原料,应分别焯水,防止彼此污染,如肠、胃不宜与菜、肉同时进行;藕、山药应在其他淡色原料后焯水。

③把握焯水对原料营养成分的影响。焯水能使一些原料内的异味成分转化成无味,能使一些原料肉的血腥气味排出体外。例如,对萝卜焯水能使萝卜内芥子油挥发,并增加甜味;对牛、羊肉焯水能使膻膻之味随着焯水过程而得到减轻;等等。但焯水也能使原料内一些不稳定可溶性营养溢出,造成一定的损失,特别是容易造成新鲜蔬菜中的水溶性维生素流失。因此,焯水应针对原料性质科学对待,对腥味较小的新鲜肉、禽,如需焯水则应与正式制熟加工结合起来,将焯水原汁继续使用;新鲜蔬菜除根、茎类外,应尽可能不焯水。

2.汤锅预热法

汤锅预热法是指将富含脂肪、蛋白质的禽、肉类新鲜原料置于多量水中,经长时间加热,既使原料预先成熟,又使原料内浸出物充分或部分溶解于水中成为鲜汤的加工方法。用于这种加工的锅称为"汤锅"。

汤锅预热包括"带汤"与"吊汤"。将需要预先煮熟的动物性原料置于一锅煨煮,当一定预热度达到之时取出,同时也得到了一锅鲜汤,这种鲜汤叫"毛汤",这个过程就叫"带汤",一举两得。例如用熟肉熟鸡配菜时,肉和鸡都需经过"带汤"过程。

"吊汤"是以取用汤浸出物为主要目的的专门制汤方法。"吊"即提出之意,是指制汤时使鲜味与黏结性物质在加强原汤内浸出物量的同时,又使一些悬浮杂质黏结使之上浮汤面,将之撇出汤体。又有一般吊与吊上汤之分。一般吊即指久炖或煨后提取高汤、浓汤。吊上汤是指对特种清汤的吊制,有双吊双扫汤、三吊三扫汤等等。汤在菜点中除了具有重要的调香调鲜的作用,还是重要的主、辅原料,因此将以取汤为主要目的的加工称之为"制汤",尤以吊汤为最复杂。

上清汤的形成主要是"吊"和"扫"的作用。在一般清汤或毛汤中,一些变性沉淀的蛋白质组织脱落下来的小微粒和脂肪等,不溶于水而是浮于汤液中,阻止光线的透过,降低汤液的透明度,使汤汁变得浑油;又由于一些含氮浸出物渗透量不够,而使鲜度具有一定的质量局限。扫汤就是利用一些含胶体具黏结性质的蛋白质原料,如血水、鸡肉茸等下锅烧沸凝结杂质去掉一般汤中悬浮的微粒,使汤汁体变得清澈见底的方法;吊汤就是汤料反复或延时熬炼,进一步增加汤中的含氮浸出物的浓度,提高汤鲜醇风味的方法。

据分析,制扫料通过排剁,主要是使原料肌浆中血红蛋白、肌红蛋白、肌蛋白等在外力作用下捶压呈溶液流出,用清水调解可以使肌浆充分扩散到水中,而成为鸡蛋清式含肌浆蛋白质十分丰富的茸汁。

在扫汤过程中,汤清主要有两种作用机制,即蛋白质变性作用和高分子链状物质在溶液中的吸附聚集作用。蛋白质变性作用是指加热使蛋白质溶解度下降,产生凝固或沉淀,生理活性减弱或消失的现象。其机制在于蛋白质分子中的一些副链遭到破坏,使得肽链从卷曲、折叠、叠合等状态中伸展开来,使蛋白质内部疏水基因趋向表面,使蛋白质表面失去水化层,继而失去电荷而成为疏水基因沉淀下来。加入盐进一步促进原料溶于水,但未发生变性的大体积分子蛋白质也发生变性沉淀,并加快扫料在加热中的变性沉淀过程。

高分子链状物质在溶液中的吸附聚集作用,是指链状结构在溶液中互相吸引形成网络结构。扫汤时冲入的扫料汁在开始时是均匀地扩散在汤中,并逐渐沉底,当发生变性后,就互相聚集为团块,这是由于肽链的展开,呈一张网,在慢慢上浮的过程中将汤中蛋白质沉淀物吸附卷裹起来。将其捞起后,达到汤清的目的。

需要指出的是,扫汤去除的是汤中一些大分子蛋白质及不溶性微粒,而对溶于汤中的小分子蛋白质,如氨基酸及多肽浸出物并不会去除;由于将扫料压成饼,在汤中用小火长时间浸置,使得扫料中可溶性物质充分吊溶于汤中,增加了原汤的质厚度,从而形成了一定的厚度感。

3.油锅预热法

为了某种固形、增色、起香的预热需要,将原料置于油锅中加热成为半制成品,在传统上称之为"过油",即原料在油锅中浸过,达到上述目的。不同的油温可使食料产生不同的质度,过油为某些菜肴所特要表达的脆、嫩、酥、香奠定基础,这实际上是运用炸或煎的方法进行预热加工。

由于油温对被加热食料的质感形成有十分重要的影响,因此,对油温不同温度级的认识是十分重要的。一般来说,油温的卫生与安全温度不超过230℃。

过油根据油温的不同分为二级,即温热油锅的"滑油"与沸烈油锅的"走油"之法。

(1)滑油法

将细嫩或上浆原料在油中受热,使之变性分散。被滑油料形一般为片、丝、条、丁、粒等小料形。滑油是滑炒、滑熘方法的组成部分,目的是缩短炒、熘时的成熟时间,并增加其受热成熟的一致性。在滑油中,油温低于粉浆糊化凝结的温度,会造成脱浆现象,过高则会结块、结壳。油量是食料的 2～3 倍,故叫小油锅。

(2)走油法

将块、段、整形或挂糊原料投入高温油中炸制,使之凝固、变性、结壳、上色、定形或脆化,走油实际上是烧、焖、扒、脆、熘等方法的一部分工序构成,油量一般为食料的 4～5 倍,甚至有达到 10 倍者,故行内又称大油锅。

油锅预热时应注意如下问题。

①滑油要抖散分开原料,防止黏结成团或脱壳。

②走油以上色、固形、结壳为度,不宜深炸而使之过于成熟,因为这样不利于后序制熟加工的进行。

③注意对油色使用的控制,做到清料清油,有色浑油的综合运用。防止淡色变深,深色变淡的现象。

综上所述,预热加工实质上是制熟烹调方法的一个步骤,是为了最终加热成熟的一致性所采用的超前预热加工。例如:菱白滑炒猪肉丝这道菜,为了在最短时间里将食料同时加热成熟,就必须对整段菱白超前焯水,再切丝组配,肉丝则需上浆滑油后再与菱白丝同时炒熟成菜。此外,预热方法还有煎、蒸、熏等法。

第二节　基础油烹法

油烹法又称为油导热制熟法,是指通过油脂把热以对流的方式传递给原料,将食物原料制成菜肴的方法。常用的具体烹调方法有炸、煎、炒、烹、熘、拔等。油导热制熟法与用油量和温度的关系十分密切,也是决定菜点成熟风味的重要手段,但是初学者往往难以掌握,因此需要对各种油导热制熟法进行详细分析和准确鉴别。

本节拟通过相关案例,使学生基本掌握炸、煎和炒的操作方法。

一、炸法

(一)炸法及其制品特点

从广义上讲,凡是将原料投入多量的油中加热都可称之为炸。具体操作就是将加工切配成形的烹调原料调味,挂糊或不挂糊,投入具有一定温度的油(油的液面高于食物高度)中,加热使之成熟。

炸是以多量油传热,使食料表层脱水固化而结成皮或壳,使内部蛋白质变性或淀粉糊化而成熟的烹调方法,也是数十种烹调方法中最基本、最常用的烹调方法。炸的方法除了直接烹制菜肴外,还可以配合其他烹调方法制作菜品,同时还是烹调原料进行预熟处理的方法。

炸法在湖北的使用相当普遍,人们在腊月二十八准备春节食品叫"开炸",可见炸法在楚地民间应用十分广泛。

1. 油炸制品特点

油炸制品有香、酥、脆、软、松、嫩等风味特点,并具有美观的色泽和形态。

2. 操作原理

油炸制品加工时,油可以提供快速而均匀的传导热能,使食料表面温度迅速升高,水分汽化,表面出现一层干燥层,形成硬壳。然后,水分汽化层便向食料内部迁移,食料表面温度升至热油的温度时,内部温度也逐渐升高。同时食料表面发生焦糖化反应,部分物质分解,产生油炸食物特有的色泽和香味。食料在油炸时可分为五个阶段。

①起始阶段。将食料放入油中至食料的表面温度达到水的沸点这一阶段。该阶段没有明显水分的蒸发,热传递主要是自然对流换热。被炸食料表面仍维持白色,无脆感,吸油量低,食物中心的淀粉未糊化、蛋白质未变性。

②新鲜阶段。该阶段食料表面水分突然大量损失,外皮壳开始形成,热传递主要是热传导和强制对流换热,传热量增加。被炸食料表面的外围有些褐变,中心的淀粉部分糊化,蛋白质部分变性,食料表面有脆感并少许吸油。此阶段耗能最多、需时间最长,是油炸食物质构和风味形成的主要阶段。

③最适阶段。外皮壳增厚,水分损伤量和传热量减少。热传递主要是热传导,从食品中逸出的气泡逐渐减少直至停止。被炸食料呈金黄色,脆度良好,风味佳。

④劣变阶段。被炸食料颜色变深,吸油过度,制品变松散,表面变僵硬。

⑤丢弃阶段。被炸食料颜色变为深黑,表面僵硬,有炭化现象。

油炸工艺的技术关键是控制油温和热加工时间,不同的原料其油炸工艺参数不同。一般油炸的温度为 $100\sim230$ ℃,根据原料的组成、质地、质量和形状大小控温控时油炸加工,可获得优质的油炸食物。

3. 操作要领

油炸的操作要领如下。

①根据原料性质掌握好调制糊的浓度,并注意挂制方法。由于炸菜既要达到香脆酥松的效果,又要使原料内部水分不流失过多,保持一定的鲜嫩质感,因此要在被炸原料外部覆盖一层保护,如挂糊、包纸、拍粉等等。

②根据主料大小调控油温及灵活掌握火候。不同的油温、多样性的优化加工影响炸菜的触觉风味,构成了炸法的多样性。

③原料必须在加热前调味腌制。由于在油炸过程中不能对食料进行调味,因此,炸菜需超前补充调味。

④用油量比原料多几倍。

(二)炸法的分类

根据被炸原料是否着衣,可分为着衣炸和非着衣炸。这两种炸法又可根据炸菜的触觉硬度不同,分为脆炸、软炸、松炸和酥炸。

1. 着衣炸

着衣炸是将原料外层加以挂糊、上浆、拍粉或包高温玻璃纸等保护措施,以保证其内部水分不被过多地蒸发的制熟方法。不同的保护层在特定的油温条件下形成不同的触觉强度。

(1)脆炸

脆炸是使原料实现外脆里嫩的一种炸法。操作时需具备两个条件,即增脆性质的外保护层和较高的油温(一般为 180～210 ℃)。原料挂脆性浆糊或上浆拍粉,这又分为干炸与香炸两种。干炸有拍粉干炸法和挂糊干炸法两种。拍粉干炸法是将加工好的主料腌制入味后,拍干淀粉或干面粉而后炸制的方法。挂糊干炸法是将加工好的主料腌制入味后,挂干炸水粉糊炸制的方法。泥茸制品、球丸干炸法是将原料加工成泥茸制品,挤成球丸,直接用油炸制。蒸后干炸是将原料加工成泥茸制品,经过包裹或直接蒸制定形,而后加工成块状再干炸的方法。

脆炸按炸制次数划分有单次炸法、复次炸法等,要因料因菜而异。

脆炸操作要点:

①选用质地较嫩、鲜味充足的动物性烹饪原料。

②主料刀口形态多为块状、整料状(如鱼)、圆形(如丸子)。

③油量、油温要控制好,炸制后的成品应具有外焦里嫩的口感。

④干炸菜的主料炸制时间需要长一些。一般开始时用旺火高温油,属定形炸;中途改用温火或小火,这样才能把主料炸得里外受热均匀,属渗透炸;出锅前还要用高温油炸一下,防止主料含多余的油,属吐油炸。

(2)软炸

软炸是加工好的主料挂软炸糊,用油将其炸制成软嫩或软酥质感成品的烹调方法。软炸要求较低油温(140～160 ℃),短时间加热或使油不直接与被炸原料接触,从而实现其软嫩而香的风味。

软炸糊的种类:

①经济型水粉软炸糊。此糊用面粉加水和少许小苏打调制而成。特点是经济,成品放置时间长,其形态不易收缩,不易凹陷,但营养受到少量破坏。

②简易型全蛋软炸糊。此糊用蛋液与面粉或淀粉(以 7∶3 或 6∶4 的比例为宜),加其他调味料和料酒调制而成。其特点是软酥、呈金黄色。

③传统型蛋清软炸糊。此糊用蛋清与面粉或淀粉混合,加上其他调味料,调制而成。特色为雅白、软嫩。

④典雅型蛋泡软炸糊。以蛋泡糊作为软炸糊最为理想,其特点是典雅华贵,加工技术性强。

软炸的操作要点:

①选用质地细嫩、新鲜、无异味的动植物烹饪原料,原料多加工成条、块、片等形态。

②动物性原料需用调料腌制入味,植物性原料可直接挂软炸糊炸制。

③可一次炸制也可重油炸制,挂糊后一般先用温油进行初步炸制,使原料初步定形后再用高温油炸,使原料最后定形成熟并定色,主料在高温油中的停留时间较短,以能减少水分散发而软嫩可口为度。

④挂糊下料要逐个下入,炸后要掐去尖叉部分,使其外形美观。

⑤佐餐调料的摆放方法有三种,分别是:一是放在菜品盘内边上;二是撒在菜品表面上;三是随菜品另放味碟、料碗。

(3)松炸

松炸即选用新鲜细嫩厚料,腌制后挂蛋泡糊的炸法。蛋泡糊是将鸡蛋清抽打成泡沫状,再加入干淀粉、米粉或者精白面粉混合而成的糊。松炸成品要求壳层乳白,外形饱满,气室密布,松散而表层略脆。炸时油温一般控制在 120～160 ℃,油温低易含油或脱壳,油温高则易焦黄。

（4）酥炸

酥炸是指将加工好的主料挂酥炸糊炸制，或者将加工好的主料经过蒸、卤之后，直接或挂糊炸制，使之具有酥香质感的烹饪方法。与脆炸一样，酥炸需较高油温，但原料在许多情况下则需要预热加工使之熟烂，如蒸、煮、烧、蕴炸等。

酥炸的两种方法：

①将加工好的主料挂酥炸糊的炸法。酥炸糊有两种：一种是发粉糊，用发酵粉、面粉和水混合，可使菜肴涨发饱满且色泽淡黄；另一种是香酥糊，用鸡蛋、面粉（也可加入淀粉）、油、水和其他调味品（盐、胡椒面等）调制而成，其中油、鸡蛋都有起酥的作用。

②将主料直接炸制。主料用调料腌制后经汽蒸或卤制等前期预热处理后，再用油直接炸制，或挂糊炸制。

酥炸的操作要点：

①多以细嫩新鲜的动物性原料为主料，也可用经过蒸、卤等前期预热处理制熟的动物性原料为主料。

②主料多加工为条、片、块形态。酥炸糊具有阔涨性，因此主料挂糊要薄厚适当。挂糊太厚则主料阔涨过大过厚，挂糊过薄则不易起酥。

③主料挂糊下油锅炸时，须待糊定形时方可推动、翻转，以防止炸出成品色泽不均匀。将主料炸透后分次捞出，最后再在高温油里复炸一下。

④经过汽蒸、卤制熟烂的主料，要用漏勺托住并缓缓入锅炸制，或用盘子托炸。盘子托炸的方法是先在盘子上放适量的酥炸糊，再把主料放于糊上，使主料底面均匀沾上一层糊，然后用适量酥炸糊涂抹在主料上面，再将主料徐徐推入油锅中，炸至深杏黄色，捞出即可。

2. 非着衣炸

非着衣炸又称为清炸，是将经过刀工处理的主料用调料腌制，不拍粉、不挂糊，直接用油加热烹制的烹调方法，或经前期预热处理定形后直接炸制。清炸的特点是不拍粉、不挂糊。

其操作要点：

①选用质地较为细嫩、鲜味充足的动物性原料。

②原料多为块状，如使用整体原料，形体应较小。

③原料应腌制入味、确定口味，以六七成口味为宜。

④掌握火候。因主料不挂糊、不拍粉，外面没有保护层，要把这种主料炸至外焦里嫩或鲜嫩可口，就必须根据主料的质地老嫩、形体大小准确地掌握火候。形体小的主料要用高温油炸两次或多次。因为主料块小传热快，长时间在高温油中炸制，则会过多地失去水分，从而导致老而不嫩，为此以重油炸法（又称油隔炸法）为好，这样可达到外焦里嫩的目的。形体大的主料开始应用高温油，以保持主料形态不变，中途改用温油炸，以使油温逐渐渗入主料体内，出锅前再改用高温油炸，使主料内不含多余的油。形体大的原料根据情况也可用重油炸法。在炸制原料的过程中，根据原料在油中的变化，可用筷子、手勺、漏勺随时翻动原料，使之受热均匀。

⑤清炸菜的成品需附带辅助性调料配食，即佐餐料（料碗或味碟）。

（三）炸法程序与风味的形成

油炸制熟法必须依据原料的大小、厚薄、性能特征按程序操作,才能实现其特定风味指标。例如对整禽、整鱼的炸制,若直接投入高温油中旺火急炸,那么,当原料外部焦化过度时,其内部温度尚未达到蛋白质凝固的高度。因此,从整体出发,炸的工艺一般具备三个程序,即初炸→蕴炸→复炸。

1. 初炸

初炸即对原料的最初炸制阶段。目的在于使一些茸缔原料或挂糊、上浆原料外部结皮壳而定形。因此,油温至少应在蛋白质迅速凝固和淀粉炭化固形稳定温度以上,但也不宜过高,防止过早形成焦化色。一般说来,松炸法的初炸油温在 90～120 ℃;脆炸和酥炸法初炸油温在 160～180 ℃;软炸中纸包炸的初炸油温则在 100 ℃左右。

2. 蕴炸

蕴炸是将原料浸置于较低温油中缓慢加热,使之内部成熟而与外部受热均等的阶段。一般针对较大或难以成熟的原料。在操作中,蕴炸一般停止加热离开火口进行,其温度在140～160 ℃,例如脆皮鲫鱼。为使内部成熟均匀,对一些原料还可以用尖状钎戳出若干小孔或用手勺压迫,使之受热迅速。

3. 复炸

复炸即将原料投入较高油温中炸制使之上色、起香、脆化的阶段,又叫"重油"。重油是炸菜最终风味形成的关键。脆炸和酥炸制品的重油温须达 210 ℃以上,210 ℃以上油温能彻底地破坏原料中的细胞结合水,使胶体老化。而松炸的重油温一般不超过 160 ℃,否则色重;但不能低于 140 ℃,否则制品因含油显得不够干爽。含油是指油脂过多地渗入并留存在原料内部空隙的状态。这是由于加热温度不够使原料内部蒸发力小于外部油渗透力所致。在炸的三个阶段中,以重油阶段为最迅速。当然,一些较小菜式和特别细嫩的原料可只采用初炸的形式(如炸虾球)。

香脆莲藕夹

**香脆莲藕夹
制作**

在中国人心中,藕是被人们咏诵的文学意象,也是人们心中的美味食材。

藕夹,是湖北经典的传统小吃。藕是"偶"的谐音,即成双成对,夹则是"有子"的一种说法,寓意十分吉祥。20 世纪的老年人戏称藕夹为"银洋钱",是因为藕夹圆中有孔,形状很像古时的钱币。出锅的藕夹色泽金黄、油而不腻、藕香浓郁。逢年过节,每家都要做上一篮子藕夹,除自家食用之外,还要馈赠亲朋好友。

藕之质地洁白脆嫩,食法颇多,可拌、可炒、可蒸、可炖、可干炸、可蜜炙。藕既是美味,又是良药。

湖北人对藕的情结很深,而且湖北莲藕种植历史悠久,土壤肥沃,全省莲藕种植面积有150 多万亩,在全国首屈一指。为把"莲藕大省"打造成"莲藕强省",省扶贫开发协会选择莲藕作为重点扶持产业,成立莲藕产业分会,努力打造湖北"千亿级"莲藕产业链。

香脆莲藕夹备料及制作过程如下。

主材料：莲藕、五花肉、鸡蛋。

配料：生姜、小葱、味精、食盐、白糖、面粉、淀粉、香醋、食用油。

小贴士：炸藕夹时，最关键的一步就是挂糊。多数人挂糊的方法通常是用面粉兑水混合。但面粉的吸水性强，藕夹炸好后会迅速吸收水分，放置一段时间后，藕夹就会变得皮软、不酥脆。所以想要藕夹酥脆可口，不能只用面粉，而应适当加入淀粉和蛋黄，糊调成老酸奶的状态即可。

步骤一：初加工

①切藕，将藕节去掉，去皮洗净，注意要清洗干净藕孔中的淤泥；

②将清理完成的藕保留藕孔，切成片状。

步骤二：调馅

①五花肉洗净，绞成肉馅；

②肉馅中加入盐、味精、姜末，搅拌、摔打上劲（碗倒扣不撒为好），再加入适量水，继续搅拌摔打上劲，重复三次，加入葱末，搅拌均匀。

步骤三：挂糊

①玻璃碗中加入面粉、淀粉、两个鸡蛋、适量水，按 Z 字形搅拌均匀，饧 5～10 分钟；

②搅拌面糊，加入盐、味精、适量食用油搅拌均匀至挂勺流动；

③填馅，用筷子将肉馅填入藕片夹缝中，按压一下，让肉馅填满藕孔。

步骤四：炸制藕夹

①藕夹初炸，起锅烧油至七成热（160 ℃），藕夹蘸糊放入锅中炸至定形捞起；

②藕夹复炸，藕夹倒入锅中炸至金黄即可装盘。

二、煎法

煎是将主料调味后加工成扁平状，然后用少量油为加热介质，用中小火慢慢加热至两面金黄（有时一面金黄也可），使菜肴达到鲜香脆嫩或软嫩的烹饪技法。

煎的操作要领是：

①煎制菜肴的腌制入味这一环节很重要（咸淡要适宜）。

②上粉或挂浆决定着菜肴的成败，厚度要适宜。

③煎制的时间是整个菜肴制作的关键。

煎制菜肴的特点是：色泽金黄、香脆酥松、软香嫩滑。

三鲜煎豆皮

武汉的三鲜煎豆皮，是武汉人"过早"的主要食品之一，也是武汉民间极具特色的传统小吃。其形方而薄，色金而黄，味香而醉，最初是武汉人逢年过节时特制的节日佳肴，后来成为寻常早点。

三鲜煎豆皮
制作

1929 年，曾厚诚在武汉的大智路创立"老通城"，卖冰莲、发糕、锅贴、糍粑、大包等食品。武汉沦陷前，曾厚诚带全家逃到重庆避难。抗战胜利后，曾厚城回武汉,在原址重建,改招牌为"老通城"食品店。同年,聘请"豆皮大王"高金安师傅独创出三鲜豆皮,在豆皮里加糯米、猪口条、叉烧和瘦肉等配料,调味均匀,味香爽口,外脆内软,油而不腻。后来,高金安又将豆皮配料改为猪肉、口条和虾仁,并总结出豆皮馅、豆皮浆、豆皮煎制等一整套做法。就这样,三鲜豆皮一直传承至今,成为武汉的一道名小吃。

一份三鲜煎豆皮,历经近百年传承,根植于武汉人民的心中。传承美食,不仅仅是美味的传承,更多的是文化习俗、民族精神的传承。于食物的传承中可窥探历史的变迁,于食物的传承中可忆起遗失的草木故园,于传承中激起情感的共鸣,于传承中凝聚民族情感的力量。

三鲜煎豆皮备料及制作过程如下。

主材料:糯米、香菇、竹笋、五花肉、鸡蛋。

配料:小葱、生姜、绿豆米浆、盐、白糖、生抽、蚝油、鸡精、猪油、卤料、料酒、老抽、椒盐。

小贴士:①绿豆米浆要磨得细、匀,无渣;②馅料要卤至入味软滑,无汁;③煎时火不宜太大,上色不宜过重。

步骤一:初加工

①小葱切末,竹笋、香菇切丁并焯水,捞起用清水过滤;

②用破壁机将大米和绿豆打成浆,并用纱布过滤。

步骤二:卤制五花肉

①将卤料用纱布包起来,生姜切片,五花肉切块;

②五花肉冷水下锅,加入一点料酒和姜片焯水,水烧开后捞出;

③锅中烧水,放入卤料包、姜片,下入五花肉,加老抽、白糖、盐开始卤制,中火半小时左右;

④将卤制好的五花肉切成丁。

步骤三:蒸制糯米

糯米上锅蒸约20分钟,出锅后加入椒盐、猪油拌匀。

步骤四:炒馅料

①锅内放少许油,放入姜末、肉丁、笋丁和香菇丁翻炒;

②依次加入卤水、料酒、生抽、盐、白糖、蚝油翻炒均匀;

③加入鸡精、猪油,翻炒均匀出锅。

步骤五:煎制豆皮

①锅中放入少许猪油烧热,倒入一大勺绿豆米浆和打好的鸡蛋液,晃动锅使之成为圆形面皮,用锅盖盖住焖1分钟;

②揭开锅盖,用锅铲铲动面皮翻面;

③在面皮上铺上糯米,边上给一点油,再铺上馅料、撒上葱末,用锅铲将其压实;

④将豆皮翻面,煎一会儿,再撒上一层葱花即可出锅。

三、炒法

(一)炒的概念和特点

炒是将片、条、丝、丁、粒等小型食料在放有少量油的热锅里,旺火,迅速翻拌、调味、勾芡,使原料快速成熟的一种烹调方法。炒是楚菜烹饪中最常用的方法,人们常把"炒菜"作为烹饪行业和中餐的代名词。

炒法具有以下特点：

①汁紧芡少，味型多样。

②质感或滑嫩、或软嫩、或脆嫩、或干酥。

③使用的油量较少，油温较高。

④主料形状小，加热时间短。

炒法的操作要领是：

①旺火速成，紧油包芡，光润饱满。

②以翻炒为基本动作，原料在锅中不停运动，多角度受热，同时防止焦糊。

③烹饪时以油等介质润滑，且炒制时油温要高，以便起到充分润滑和调味的作用。

（二）炒法的基本种类

炒法按技法可分为煸炒、滑炒和软炒；按原料性质可分为生炒和熟炒；按口味可分为清炒、爆炒和水炒。

1. 煸炒

煸炒是将小型的不易碎断的原料，用少量油在旺火中短时间烹调成菜的方法。成菜鲜嫩爽脆、本味浓厚、汤汁很少。煸炒是炒法中最基础的方法。在煸炒中，油除了导热外，还有效地起着润滑作用，并且又成为所炒菜肴的重要营养与风味成分。生煸蔬菜不宜勾芡，取其清爽脆嫩的风味，而生煸肉类则需要少量勾芡，以增强调味卤汁的附着力。易碎的鱼、虾肉等原料不宜使用此法，因煸的机械力较大容易使原料碎裂。

2. 滑炒

滑炒是将经过精细加工的小型原料上浆滑油，再用少量油在旺火上急速翻炒，最后以兑汁或勾芡的方法制熟成菜的烹饪技法。

滑炒的操作要领是：

①多用鲜嫩的动物性原料，加工成丁、丝、片、粒等小形状。

②原料多需上浆，否则极易流出水分，且表面萎缩变老。

③在温油中将原料滑油至断生。

④菜肴一般勾薄芡。

3. 软炒

软炒是将主要原料加工成泥蓉状后，用汤或水调制成液态状，加米粉（或淀粉）、鸡蛋清、调味料，放入有少量油的锅中炒制成熟的烹饪方法。

软炒的操作要领是：

①主料新鲜细嫩，一般加工成泥蓉状或流体。

②加入淀粉和蛋清，有助于成菜达到凝固状。

③油温控制在三成热左右，保证菜肴质地软嫩。

4. 生炒

生炒是将加工成形的原料，直接投入少量油的热锅中，翻炒、调味，快速成菜的一种烹调方法。生炒具有鲜香嫩脆、汁薄入味的特点。

其工艺流程为：原料初加工切配→锅烧热用油滑锅→放油烧制五六成热（120～140℃）→投入原料→加调味品→炒至断生起锅装盘。

5. 熟炒

熟炒是指将经过熟处理的原料加工成丝、片、丁、条等形状,投入少量油的热锅内,炒至入味成菜的一种烹调方法。熟炒菜肴具有香酥滋润、见油不见汁的特点。

其工艺流程为:选料→熟处理→切配→滑锅下料→熟炒烹制→装盘。

湖北小炒肉

关于小炒肉,有一段流传甚广的传说,该传说来自《归田琐记》(清)梁章钜。故事是这样讲述的:年羹尧被贬后,姬妾皆星散。有一个杭州秀才得到了年羹尧的一个姬妾,这位姬妾在年府专职为年羹尧做一道菜——小炒肉。做小炒肉要用一头活猪,取其最精一片肉,而后烹饪。有一天,秀才搞到一头猪,让姬妾马上做小炒肉。小炒肉做好后,姬妾到厨房去收拾杂物。待她回来后发现,秀才倒在地上已奄奄一息了。众人皆惊,待大家细细观察后发现,原来秀才的死因是在吃美味的小炒肉的同时,也把自己的舌头吞入喉中。由此可见,小炒肉的口感和味道之好,竟让人分不清哪是肉哪是自己的舌头了。

辣椒进到我国的时间有几百年,因自身有一种与众不同的味道,很多人都喜爱用它来给菜式提色或增味。用辣椒和五花肉制作的农家小炒肉,是一道广泛流行于湖北、湖南地区的家常名菜。辣椒炒肉能使肉香夹杂着辣椒香与辛辣味直钻入鼻,让人口水泛滥。小炒肉具有提升胃口、促进消化的功效,是夏季饭桌上的优选之一。

湖北小炒肉备料及制作过程如下。

主材料:五花肉、尖辣椒。

配料:豆豉、白糖、生抽、大蒜、蚝油、老抽、盐、姜、鸡精。

小贴士:炒制时,需要冷油下入五花肉翻炒,这样能使五花肉的油脂被炒出来,实现肥而不腻的口感。另外,因五花肉提前腌制过,已经有了一定的盐分,所以进行熟炒时需控制好盐量。

步骤一:初加工

①将辣椒、五花肉洗净,辣椒切块,五花肉切成薄片;

②五花肉加入少量的蚝油、老抽、盐搅拌均匀,腌制10分钟左右。

步骤二:预热加工

①将锅烧热,倒入少量食用油,下入腌制好的五花肉小火炒制,至肉出油并且微卷即可出锅,备用;

②捞出五花肉,将豆豉、姜末、蒜末倒入锅中,用小火翻炒出香味;

③调料被炒出香味后,向锅中加入青椒片和少许盐,调至中火继续翻炒。

步骤三:熟炒

等青椒片炒至变软时,加入五花肉,再加入少量生抽、白糖和鸡精翻炒均匀。

步骤四:装盘

将炒制好的青椒、五花肉一起装盘,即可食用。

第三节 复式油烹法

复式油烹法是指制熟成菜的过程由两种相对独立的工艺结合而成。炸、煎与炒是基本的油导热制熟方法,是将菜点直接做成成品的加热制熟过程。而复式制熟法的成品制熟与加热方法不同,其间还要加入其他方法方能制成。复式油烹法主要有以炸或煎为基础方法的烹法、熘法、拔丝法等,其实质都是独具特色的加热中调味的方法。

本节通过相关案例示范实训,使学生基本掌握油导热的各种复式方法。

一、烹法

(一)烹法概念

烹法是将预先调好的味汁迅速投入预炸或预煎至干脆金黄的原料上,使原料迅速收干入味的制熟成菜方法。烹菜成品具有干香紧汁、酥脆鲜嫩的特点。烹法取料十分广泛,禽、肉、鱼、虾、贝及蔬菜皆可入料。通过煎、炸等工序使原料形成酥脆、金黄、干爽的外壳,再将烹汁投入,水分会迅速地被原料吸收,从而形成外壳酥脆而松香的独特风味。烹汁入味是此法操作的关键,烹必须和炸、煎紧密结合,构成复式。菜与汁的比例一般为5:1,汤汁过多则会影响其外壳脆度。烹汁有清、浑之分,清汁为无淀粉汁,浑汁则有淀粉。

依据预熟加工方法的不同,烹可分炸烹与煎烹两类;在干湿性质上又有干烹与清烹两种形式。炸烹可清烹也可干烹,煎烹则主要是干烹。

(二)烹法的基本种类

1. 炸烹法

炸烹即炸后再烹的方法。炸烹主要以小料形原料为主,如块、条、片、丝、丁等,小料形有利于原料在加热中迅速结壳、吸汁。烹菜以炸烹居多,具有迅速方便、大众化的特点。烹时,先将姜葱小料煸香,再将调汁烹下(即泼入炸料里),快翻收汁,淋明油出锅。炸烹以烹汁定味,而无须补充调味,一般以咸鲜微酸和糖醋微辣为主要味型特征。又可分为干烹和清烹。

①干烹法是将原料拌糊炸至金黄,烹以清汁,使之尽收于原料之上,盘中干爽无汁的一种烹法。挂糊经炸后,形成干脆外壳,吸水性极强,如果烹以浑汁则不利于炸料对味汁的吸收,达不到外脆的要求。因此,干烹须使用清汁,方便调味吸收,达到干爽无汁的效果。

②清烹法是将原料拍少量干淀粉,炸至变性、色泽浅黄,烹入浑汁,使之均匀吸附包裹炸料的一种方法。清烹要求原料断红即熟,鲜嫩脆爽。通过拍粉吸去原料的水分,增加了炸料外表结壳的硬度,有利于吸汁,但吸湿性低于干烹,在干爽中又有滋润,具有略带卤湿的特点。清烹所用浑汁的芡量极少,小于炒、熘菜的芡汁浓度,仅起着协助味汁的吸附作用,否则烹菜不够干爽,便与熘或炒菜风味无异。

2. 煎烹法

煎烹即煎后再烹的方法,将味汁或清水直接烹入煎锅中,于煎制过程中收干。煎烹菜肴一般以烹汁定味,若烹清汤(水),则需补充调味。在煎烹中以贴、煸两法最为典型。

①贴法是将扁平底面结构的原料底部拖糊,紧贴锅底煎其一面,烹汁加盖收干成熟的

方法。贴菜属于干烹类型,在形制上,贴菜需用复合成形的菜点生坯,一般有三层合一的贴法生坯,以肥膘层下部拖糊紧贴锅底,如锅贴鸡;有底部平整的镶法生坯,如锅贴虾仁;有捏成形的包、饺形生坯,如鱼皮锅贴、煎包等等。这些形制的菜点生坯,不宜煎制上部,否则形、质皆被破坏,由于菜点原料具有不良导热性,而使上部难以成熟,所以需采用烹汁加盖的方法,利用蒸汽导热使上部成熟,但过多的水分容易影响底壳的脆度,因此,烹汁量一般不多于原料的1/4。烹菜具有下脆上嫩、下金黄上淡黄的特点。拖糊则能有效地起到对底部增脆与保护的作用。贴菜可烹汁定味,亦可补充调味。

②塌法是将扁平体原料挂糊或拍粉后煎至两面金黄,烹以味汁收干的方法。塌法多以味汁定味,也可补充调味。在形体上,塌菜较为复杂,可以是饼状,也可以是碎片块状;可以是复合包法成形,又可以是单纯大片料形。一般来说,由于烹汁,塌菜脆度较小,但比干煎酥松而滋润。塌法预煎和炸法一样可依据其成菜质感,具有脆、松、软、酥的细微区别。

锅贴饺子

锅贴饺子是中国一道著名的小吃。"锅贴"颇有讲究,须用平底锅,略抹一层油,将锅贴整整齐齐地摆好,要一个挨一个,煎时应均匀地洒上一些水,最好用有小嘴的水壶洒水,以洒在锅贴缝隙处,使之渗入平底锅底部为好。盖上锅盖,煎烙二三分钟后,再洒一次水。再煎烙二三分钟,再洒水一次。此时可再淋油少许。约五分钟后即可食用。用铁铲取出时,以五六个连在一起,底部呈金黄色,周边及上部稍软,热气腾腾,为最佳。食时,皮有脆有绵,馅亦烂亦酥,香气扑鼻,回味无穷。真是一种美好的享受。"锅贴"的做法也有区别,真正的锅贴两头是不封口的,馅是露在外面的。而全部捏牢的叫"锅贴饺子",不能叫做真正的"锅贴"。

贴法本来自鲁菜,但随着人口的迁徙和食物制熟手法的提升,慢慢在全国普及开来。如今,在武汉的大大小小的宵夜馆子里,都可见到人们喝着啤酒、吃着烧烤、嚼着锅贴饺子,可以说锅贴饺子已经成了武汉市的一道特色美食。其风味独特,馅料丰富,肉质嫩滑,焦香浓郁,味道鲜美,深受广大食客的喜爱。

锅贴饺子备料及制作过程如下。

主材料:中筋面粉、牛肉、鸡蛋。

配料:牛油、泡打粉、盐、鸡精、葱、姜、芝麻。

小贴士:在面粉里加上牛油和泡打粉,能让煎出来的锅贴皮特别酥脆。

步骤一:初加工

牛肉洗净、去筋膜、剁碎。

步骤二:制作皮料

①面粉用温水和开,加入少许牛油和泡打粉,揉成光滑的面团;

②将揉搓好的面团搓条,揪成大小一致的剂子,用擀面杖擀成中间较厚、边缘稍薄的皮子。

步骤三:制作馅料

在肉糜中加入鸡蛋、盐、鸡精、葱、姜,搅拌上劲。

步骤四：包馅

在皮子中包入馅心，捏成褶纹饺。

步骤五：贴法制熟

①煎锅内放油，再整齐地码放上锅贴饺子；

②稍煎一下后，往锅内喷入适量的水，盖上锅盖，让水汽将锅贴蒸熟，切记不要用冰水；

③开盖再稍煎一会；

④撒上葱花、芝麻，起锅。

二、熘法

(一)熘法的定义和特点

熘法是将加工处理后的原料，经油炸、滑油、汽蒸或水煮等方法加热成熟，然后将调制好的卤汁浇淋于原料之上，或者将原料投入调制好的卤汁中翻拌成菜的一种烹调方法。

其特点是口感酥脆或软嫩、味型多样。在餐饮行业中，用熘的技法制成的菜肴一般汤汁较多且明亮黏稠，味以甜酸居多。

(二)熘法的操作要领

熘法关键在"熘"字，当菜品主料经加热变性达到既定成熟度时需将卤汁迅速浇或拌入，浇时用 $180\sim200$ ℃热油适量加到锅中滋汁中迅速搅拌，这时滋汁极度沸腾，充满气泡，这叫"打滋"，适用于小型预热原料的拌入。而对整条鱼或较大型其他预熟原料的浇汁则需"穿滋"。穿滋是将打成的滋汁迅速倒入另一只烧至近红的热锅中使之沸腾得更为猛烈，并快速浇在盘中菜上立即上席的过程。

熘法在操作时要注意以下几点。

①选料广泛、要求严谨。熘的菜肴用料较广，一般多用质地细嫩、新鲜无异味的生料，如新鲜的鸡肉、鱼肉、虾肉、里脊肉、皮蛋和各类蔬菜的茎部等。

②刀工精致。原料一般被加工成丝、丁、片、细条、小块等形状。整形原料，如鱼类，则需要改花刀。

③火候独到、芡汁适度。这样才能保证菜肴的口味和质感。

(三)熘法的基本种类

熘法以成菜的触感区分有炸熘、滑熘、软熘；以颜色区分有白熘、红熘和黄熘；以味型或所用的调料不同区分有醋熘、糖醋熘、糟香熘和果汁熘等。

1.脆熘

脆熘又称炸熘或焦熘，是将加工成形的原料用调味品腌制，经挂糊或拍粉后，投入热油锅中炸至松脆，再浇淋或包裹上甜酸卤汁成菜的熘制技法。

脆熘的操作要领是：

①脆熘选料广泛，大多选用鱼、鸡、猪等质地细嫩的原料。

②原料在炸制前，必须经过调味品腌制，再挂上糊或拍上干粉。

③炸制时，用旺火热油(油温在六成热以上)，炸至原料呈金黄色并发硬。

④在原料炸制出锅的同时，要把卤汁调制好，趁原料沸热时，浇上卤汁，这样才能保持外皮酥脆、内部鲜嫩的特点。

2. 滑熘

滑熘即将加工成片、丝、条、丁、粒、卷等小型或剞花刀的原料,经过腌制、上浆、滑油成熟后,再调制甜酸卤汁勾芡成菜的熘制技法。

滑熘的操作要领是:

①滑熘所使用的原料须以无骨的鲜嫩原料为主。

②刀工处理方面须将原料加工成片、丝、条、丁、块等形状或剞花。

③须经过调味腌制后,再用蛋清、淀粉上浆,下入四成热左右的油锅中,划散至八成熟。

④倒入兑好的卤汁勾芡成菜。

3. 软熘

软熘是先将原料水煮或汽蒸成熟,再调制酸甜口味的卤汁浇淋在原料之上的一种熘制技法。

软熘的操作要领是:

①软熘用料必须选择鲜嫩的软性原料。

②掌握好煮或蒸的火候,一般以断生为好,欠火则不熟,过火则失去软嫩的特点。

③软熘菜肴颜色和口味多样。颜色既可以是红色的,也可以是白色的;口味既有酸甜味的,也有咸鲜味的。

滑熘牛里脊

湖北的荆州、宜昌等地擅长熘、烧、烩等烹饪方法。比较讲究口味咸鲜,整体风格较淡雅。

牛里脊是牛身上最好吃的部位,不仅味道鲜美,营养价值也很高。可是牛里脊在牛身上的占比较少,因此价格较贵,享有肉中骄子的美誉。牛里脊蛋白质含量高,脂肪和胆固醇含量比猪肉少,因此常食用有助于减肥;牛里脊中含有大量的锌,有利于人们合成蛋白质、帮助肌肉生长,可延缓衰老。

牛里脊适于滑熘,肉质鲜嫩,口感爽滑,老少咸宜,更是上佳的青少年和运动员适用食材。

滑熘牛里脊备料及制作过程如下。

主材料:牛里脊、青豆、香菇。

配料:鸡蛋清、牛肉汤、味精、湿淀粉、盐、葱花、芝麻油。

小贴士:滑熘牛里脊时,可先用棍子捶软牛里脊,这样可以让肉质更加细嫩。另外在切肉时,刀口要和纹路垂直,这样肉就不容易散。

步骤一:初加工

①牛里脊剔去皮膜细筋,洗净;

②将牛里脊切成 4 mm 左右的薄片,清水洗净,用厨房纸吸干表层水分;

③香菇一切两半备用。

步骤二:制糊、预热

①将鸡蛋清放入碗内,下牛肉片,加盐、湿淀粉,搅拌均匀;

②炒锅置旺火上烧热，舀入芝麻油，烧至三成热，放入牛里脊，用铁勺扒散；

③滑至七成熟时，将肉捞出。

步骤三：滑熘

①原炒锅倒去余油后置旺火上，下芝麻油，加葱花、香菇，放入牛肉汤、盐、味精、青豆、牛里脊滑熘；

②加湿淀粉调稀勾芡，用铁勺翻动几下，淋入芝麻油，起锅盛盘即成。

三、拔丝法

（一）拔丝的概念和特点

拔丝是将过油预制的熟料放入整好糖浆的锅内搅拌均匀后装盘热吃的烹调方法。拔丝主要用于制作甜菜，是中国甜菜制作的基本方法之一。拔丝的原料主要有去皮核的水果、干果、根茎类的蔬菜、鲜嫩的瘦肉等。原料都加工成小块或球状。含水分较少的根茎类原料一般炸前拍粉；含水分多的水果类原料要挂蛋糊油炸。有些拔丝菜为追求较脆硬的质感，选择清糊，一般也有挂全蛋糊的。成品香脆酥嫩，色泽金黄，牵丝不断，能增添宴席的气氛和情趣。

拔丝的特点：

①主料都要采用热油炸透，并保证外酥脆。

②成品糖丝细长而脆，香甜可口，热食为拔丝，冷食则称为琉璃。

③盛装拔丝菜品的器皿应抹油，以利于餐具清洗。

④严格掌握熬化糖的火候，注意安全。

⑤拔丝菜上席应跟随凉开水，如是凉食，热时应逐块分开。

（二）拔丝的种类

拔丝大致分为油拔法、水拔法及水油拔法。

1. 油拔法

油拔法是将锅底加少许油，加糖，在火上用手勺不停地搅，搅至糖成浆并由有黏性趋向稀薄时，倒入原料翻拌。以油为溶剂的拔丝法，具有速度快、出丝亮的特点，初溶油温在 $100\sim130\ ℃$，油糖比为 $1:6\sim1:7$。熬糖时，当用勺兜扬糖浆呈"稀米汤"线条下流时，就是投放炸料拌匀的最佳时机。

2. 水拔法

水拔法是在锅中加糖和水，先以小火熬，待水分即将耗尽，即转旺火，见糖色由米黄转为金黄时倒入炸好的原料翻拌，包上糖浆，出锅装盘的一种拔法。以水为溶剂，溶糖拔丝。水拔比油拔导热平缓，能有效地减缓糖焦化的速度，使糖结晶体更加有效充分地溶化。

3. 水油拔法

水油拔法是在油拔基础上略加些水，先以小火熬糖，待水分汽化时即以手勺不停地搅拌，至糖浆色略转深，由稠变稀时倒入原料翻拌的一种拔法。

（三）拔丝的操作要点

①熬糖须恰到好处。糖由晶粒到拔出丝来，实际上经历了四个阶段：溶化→浓稠→稀

薄→出丝。结晶体的糖经加热会溶化成液体。水拔法实际是让糖先溶解于水,然后再将水蒸发干,糖液由液体变成浓液体,糖液化得均匀而彻底。油拔是由结晶体直接变成浓液体,糖很可能液化得不彻底,解决的办法是不停地搅拌,油又使锅壁滑润,减少糖粘锅的可能。所谓熬糖恰到好处,是要让糖液顺利达到 180 ℃ 左右糖的熔点,使糖呈稀薄的液体,不结块、色泽棕黄色。拔丝最容易碰到的是两种情况:返砂和炒焦。

返砂是糖变成液体后又变成砂糖。水拔法最可能出现这种现象。原理是糖溶于水后变成糖液,当所加水蒸发完之时,火不够旺,搅动不及时,即还原成砂糖。此时再搅,部分糖粘在勺上,底下部分快速变色烧焦。油拔炒糖必须使糖粒全部彻底地熔化,不能留下未熔化的颗粒。油拔虽不至于出现返砂,但有颗粒的存在会影响出丝和出丝的长度。油拔时如火候掌握不当,很可能出现部分糖粒还未熔化,另一部分糖液则已转色变焦。

②油炸熬糖同步进行,这也非常重要。最好是熬糖和油炸原料同时到达最佳状态,随后迅速将两者结合在一起。如果事先将原料炸好,糖热料冷,原料入锅消耗糖的热量,很可能加速糖液凝结,拔不出丝来。油炸原料入锅时还须注意沥干油分,否则糖浆难以均匀地挂到原料身上。

③油炸的原料应比炸菜更脆,包糖浆时动作要轻巧,不能使原料的糊壳破皮。拔丝的原料油炸一般都要经过复炸,第一次炸熟原料会使糊结壳、粘裹在原料表面,第二次复炸用高温油,快速炸脆外表。这样也能使原料有一个较硬实的糊壳,不至于在包上糖浆时破碎。拔丝原料有一部分是水果,糊壳一破,水分流出,就会粘成一团,难以拔丝。油炸原料入锅后翻锅的动作要轻,翻的次数也不能多,速度要快,包上糖浆即可。

④盛器应涂油,上桌要快,随带冷开水。盛放拔丝菜的盘子一定要事先涂上熟油,否则糖粘住盘底很难清洗;上菜速度要快,稍一迟缓,就可能拔不出丝来。

拔丝山药

拔丝菜肴传入湖北后,因其金丝缕缕的独特风格,深受人们的喜爱。作为湖北地方宴席甜点之一的拔丝山药,其成菜色泽美观,光润透亮,口感甜脆香软,取用时能拔起晶莹闪烁、细长透明的丝条,让食者心悦趣浓。说到拔丝菜,就不得不了解一下其最大的功臣——糖。

《诗经》中关于糖有这样的记载,"周原膴(wǔ)膴,堇荼如饴",这反映出在西周就已经有饴糖,饴糖俗称麦芽糖,被公认为是世界上最早由人工制造出来的糖。

今天我们食用的糖主要是以甘蔗和甜菜为原料制作而成的,而甘蔗这种原料早在公元前 8 世纪就已出现在我国。在魏晋南北朝时期,甘蔗的种植地区变得越来越大,许多手工制糖作坊开始兴起,也为后期甘蔗制糖的成熟发展奠定了基础。

公元 674 年,用滴漏法制取土白糖的出现标志着制糖技术达到了一个新的高度,而这种土法制糖在中国一直沿用了千余年;唐宋制糖手工业昌盛,不仅能够做到自给自足,还远销海外,促进了国际贸易的发展。糖在唐宋大繁荣的经济发展过程中扮演着重要角色。在不断的实践中,中国的制糖技术也日臻成熟,到了工业革命之后,机械化生产则为糖的发展掀开了历史新篇章。

可以说,糖的发展史就是一部中国经济发展史,也是一部中外文化技术的交流史。回顾历史,不忘昨天,作为新一代有志青年,我们要将古人刻苦钻研的工匠精神发扬到底,坚定文化自信,推进我国与国际的经济文化技术交流。

拔丝山药备料及制作过程如下。

主材料:山药。

配料:面粉、生粉、食用油、白糖、鸡蛋、盐。

小贴士:拔丝菜做得好,关键在于熬糖。一定要控制好热度,避免返砂和炒焦。

步骤一:初加工

①山药去皮洗净;

②将山药切片或斜切成小块;

③将切好的山药块放入盐水中浸泡,防止表面氧化变色。

步骤二:挂糊

①面粉和生粉按照1∶1比例搅拌,加入鸡蛋和适量水,继续搅拌均匀;

②用勺子以Z字形搅拌,至勺子舀起呈片状流动为止;

③饧5~10分钟后,加入适量油进行搅拌,这样炸出来的山药更酥脆;

④将山药块从盐水中捞出,用厨房纸吸干水分,再将山药块放入面糊中搅拌。

步骤三:炸制

①锅中倒入适量食用油烧至六成热,将山药块沿着锅边放入,炸至定形后捞出;

②将油温烘高,再次倒入所有山药块炸至表面金黄。

步骤四:拔丝

锅中倒入适量白糖炒至熔化可拔丝,倒入炸好的山药块,翻炒均匀,起锅装盘即可。

第四节 基础水烹法

水导热制熟法是指通过水或汤汁将热以对流的方式传递给原料,将食物原料制成菜肴的一类方法。常用的具体烹调方法有炖、煨、卤、煮、汆、汤爆、涮、白焯、熬、烧、扒、焖、烩等。与油导热制熟一样,水导热制熟方法也分基础与复合式,前者用水(汤)直接加热制熟,后者需经过炸、煎、烤等预熟加工。

一、炖法

(一)炖法的定义和特点

炖是指把食物原料及调味品加入汤水,先用旺火烧沸,然后转成中小火,长时间烧煮的烹调方法。属火功菜技法。

炖菜的主要特点是:汤菜合一,原汤原味,滋味醇厚,质地软烂。

其烹饪特点是:

①炖的特点是以吃汤为主。汤色澄清爽口,滋味鲜浓,香气醇厚。炖法、焖法、煨法并称为"储香保味"的三大"火功菜"。火功是烹饪技法的最后一道工序,都是用水加热,而且都是用小火长时间加热,费火费时间。

②炖是一种健康的烹调方式,温度不超过100 ℃,可最大限度保存各种营养素,又不会因为加热过度而产生有害物质。炖菜时盖好锅盖,与氧气相对隔绝,抗氧化物质也能得以

保留。经长时间小火炖煮，肉菜变得非常软烂，容易消化吸收，适合老人、孩子和胃肠功能不好的人群。小火慢炖让食材非常入味，味道可口。一锅炖菜里往往有四五种食材，营养多样。

（二）炖法的基本种类

炖菜的预热方法主要是焯水。炖法的类型主要包括使菜肴保持原料原有色彩、汤质清澈见底的清炖，以及经过煸、炸等预热加工再予以炖制或者添加其他有色调味料使汤质改变原色彩的侉炖。侉炖是炖法具复式结构的特殊形式。根据加热方法的不同，有不隔水炖、隔水炖和侉炖三种方法。

1. 不隔水炖

将原料直接放入锅内，加入汤水，密封加热炖制。具体操作方法是将原料在开水内烫去血污和腥膻气味，再放入陶制的器皿内，加葱、姜、酒等调味品和水（加水量一般可比原料稍多一些，如 500 g 原料可加 750～1000 g 水），加盖，直接放在火上烹制。烹制时，先用旺火煮沸，撇去浮沫，再移微火上炖至酥烂。炖煮的时间，可根据原料的性质而定，一般两三小时即可。

2. 隔水炖

该方法是将原料装入容器内，置于水锅中或蒸锅上用开水或蒸汽加热炖制的方法。将原料在沸水内烫去腥污后，放入瓷制、陶制的钵内，加葱、姜、酒等调味品与汤汁，用纸封口，将钵放入水锅内（锅内的水需低于钵口，以滚沸水不浸入为度），盖紧锅盖，不使漏气。以旺火烧。使锅内的水不断滚沸，三小时左右即可炖好。这种炖法可保留原料的鲜香味，制成的菜肴香鲜味足，汤汁清澄。也有把装好原料的密封钵放在沸滚的蒸笼上蒸炖的，其效果与隔水炖基本相同，但因蒸炖的温度较高，必须掌握好蒸的时间。蒸的时间不足，会使原料不熟和少香鲜味道；蒸的时间过长，又会使原料过于熟烂和散失香鲜滋味。

3. 侉炖

将挂糊过油预制的原料放入砂锅中，加定量的汤和调料，烧开后加盖，用中火短时间加热成菜。此法与不隔水炖大体相同，不同的是它的预制方法，不是水煮而是挂糊过油。一般都将原料加工成块、段形状，滚沾干淀粉，再挂鸡蛋糊，放入大油锅中，用高温热油炸成金黄色，控油后炖制。这种预制方法的优点是原料在炖的过程中不易破散，又抑制了原料鲜味的溢出，挂的糊经油炸，经炖制味道更醇厚，也使得原料的鲜味不致浸入汤中，可保持鲜汤的本味。同时，缩短了炖制加热的时间。但挂糊并油炸过的原料炖制容易使汤水浑浊，因此侉炖菜都是用中火短时间加热，时长 7～8 分钟即可。

炖法的技术关键：

①原料在炖制开始时，大多不能先放咸味调味品。特别是不能放盐，如果盐放早了，由于盐的渗透作用，会严重影响原料的酥烂程度，延长成熟时间。因此，炖熟出锅时，才能调味（但炖圆子除外）。

②不隔水炖法切忌用旺火久烧，只要水一烧开，就要转入小火炖。否则汤色就会变白，失去汤清的特色。

炖法的注意事项：

①选用畜禽肉类等主料，应加工成大块或整块，不宜切小切细，但可制成茸泥，制成丸

子状。

②主料必须焯水,清除原料中的血污浮沫和异味。

③炖时要一次加足水量,中途不宜加水掀盖。

④炖时只加清水和调料,不加盐和带色调料,待熟后再进行调味。

⑤用小火长时间密封加热,至原料软烂为止。

清炖甲鱼

清炖甲鱼是很有特色的荆楚菜式之一,菜肴的特点是肉质酥嫩、不散不烂、汤汁清澈、鲜香可口,堪称滋补养身之上品。成菜具有滋阴凉血、补中益气、固表生肌的功能。

湖北人食用甲鱼的历史,最早可以追溯到周代,当时起源于岐山的周人,就已经把甲鱼当作宫廷膳食。春秋时候,郑灵公因为故意不分鳖肉给大臣子宋,子宋大怒,愤而起兵杀郑灵公,这种因甲鱼亡国的故事更是让人津津乐道。在民间,人们将甲鱼称为"美食五味肉",意思是甲鱼肉具有鸡肉、羊肉、牛肉、猪肉和鹿肉这五种肉的特征,味道鲜美,肥而不腻。

甲鱼,武汉人发音为"脚鱼",即有脚的鱼。在鱼米之乡的江汉平原,港汉纵横,特别是荆州,当地人童年有三项基本功夫,"捉鳝鱼""抓青蛙""钓甲鱼"。钓到什么,家中就可以用它来做美味的菜肴。钓甲鱼,要用专门的甲鱼枪,在岸边,投枪钓鱼,讲究一个"准"字,当地人调侃,"钓甲鱼的师傅都可以参加奥运会的标枪项目","打甲鱼枪的师傅都是奥运退役的"。

如今,甲鱼已然是楚菜代表食材,湖北人做甲鱼更是达到极高水平。甲鱼可单独清炖,亦可与羊排、鳝鱼、仔鸡、牛蛙、牛蹄等混搭烧。起锅之时,胶质浓厚,有黏嘴巴的感觉,就是一道上好的菜肴,咸香微辣、酱汁浓厚。

清炖甲鱼备料及制作过程如下。

主材料:甲鱼、香菇、鸡肉。

配料:葱、姜、蒜、猪油、绍酒、精盐。

小贴士:①烫甲鱼时,不能用沸水,不然甲鱼上的黑膜不易刮净;②甲鱼与其他原料一起炖制时,需将质地较软的一种原料先从汤中捞出,留下另一种原料继续炖制;③待原料均已软烂时,再将先捞出的原料放入,一起炖制;④掺入的汤量应与原料的用量吻合,汤要一次性加足,否则汤味不好。

步骤一:初加工

①宰杀。将甲鱼翻过身来,背朝地,肚朝天,当它使劲翻身将脖子伸到最长时,迅速用快刀在脖根一刹。

②清理。将杀好的甲鱼提起控净血,再用清水漂净血,捞出沥水。

③烫皮。将宰杀后的甲鱼放入 70~80 ℃ 的热水中,烫 2~5 分钟(具体时间和温度根据甲鱼的老嫩和季节掌握)。

④取脏。烫好的甲鱼,捞出放凉后,用剪刀或尖刀在甲鱼的腹部切开十字刀口,挖出内脏(留苦胆),宰下四肢和尾稍,把腿边的黄油去掉。

⑤把甲鱼全身的黑皮轻轻刮净,保留裙边(也叫飞边,位于甲鱼周围,是甲鱼身上味道最香美的部分),洗净。

⑥香菇泡发后去蒂,洗净。

步骤二:切块

①将处理好的甲鱼改剁成 2 cm 见方的块。

②将香菇和鸡肉各切成 2 cm 见方的块。

步骤三:汆水

将甲鱼、香菇、鸡肉投入沸水中汆制。

步骤四:炒制原料

①热锅。炒锅内放熟猪油,中火烧至七成热(约 160 ℃)。

②炒香。锅中加葱、姜、蒜末,炒出香味,放入甲鱼、鸡肉、香菇一起煸炒 2 分钟。

步骤五:炖制

①炒好的原料加入清汤,用小火炖大约 1 小时,直至原料酥烂。

②改用小火烧沸,撇去浮沫。

步骤六:调味

放上精盐、葱、姜、蒜末、绍酒即成。

二、煨法

(一)煨的概念和特点

煨是将加工处理的原料先用开水焯烫,放砂锅中加适量的汤水和调料,用旺火烧开,撇去浮沫后加盖,改用小火长时间加热,直至汤汁黏稠,原料完全松软成菜的技法。煨菜是火力最小、加热时间最长的半汤菜。口感以酥软为主,制作时不需勾芡。

煨法也是极富江汉平原地方风味的一种烹调方法。逢年过节家家户户少不了要做一道"汤",汤清见底,味极鲜香。

其烹饪特点是:

①主料一般是老、硬、坚、韧的原料。如老母鸡、老鸭等禽类肉;牛肋、牛腱、牛板筋、牛蹄筋、牛胸腹、猪五花肉等畜类肉;以及火腿、腊腌肉、咸肉等肉类制品。水产品类原料以甲鱼、乌鱼、鳝鱼、鲥鱼等为主;植物类原料以冬菇、板栗、干菜、干果、干豆等为主。

②主料的形状多为大块或整料,煨前不腌制、不挂糊。初步熟处理比较简单,开水焯烫即可,要撇净浮沫。

③在入锅煨制时,凡使用多种原料的菜肴,在下料时应做不同的处理。性质坚实、能耐长时间加热的原料可以先下锅,耐热性差的原料(大都为辅料)在主料煨制半酥时下入。

④在小火加热时要严格控制火力,使用小火、微火,锅内水温控制在 85～90 ℃。水面保持微沸而不沸腾。

(二)煨法的操作要领

①原料要选用老、韧、富含蛋白质和风味物质的动物性原料,刀工成形以大块为主。

②为使汤汁浓稠,如果原料含脂肪太少,可适量加油煸炒,使油脂在煨制过程中在汤中乳化。

③正确掌握火力与加热时间。封闭罐口后需要用小火,在 2～3 小时内,始终保持汤汁微沸状态,并注意不使汤汁溢出,既要保证原料酥软,又要防止过度酥烂。

④如果用大陶罐批量制作再分装销售,应保证原汤足量,不可添加其他汤汁。

 楚菜案例

排骨莲藕汤

**排骨莲藕汤
制作**

　　湖北人爱喝汤,素有"无汤不成席"的说法。用莲藕和排骨煨成排骨莲藕汤,煨到肉烂脱骨,藕块粉糯,喝上一口汤汁,香浓清甜,顿时不禁要感叹藕香与肉香的搭档简直是天下绝配!

　　纪录片《舌尖上的中国》中有一个片段所展示的正是湖北嘉鱼挖藕人的生活。作为职业挖藕人,每年茂荣和圣武要只身出门7个月,采藕的季节,他们就从老家安徽赶到有藕的地方。较高的报酬使得圣武和茂荣愿意从事这份艰苦的工作。种藕的人喜欢天气寒冷,这不是因为天冷好挖藕,而是天气冷买藕吃藕汤的人就多一些,藕的价格就会涨。在嘉鱼县的珍湖上,300个职业挖藕人,每天从日出持续工作到日落,在中国遍布淡水湖的大省,这样的场面年年上演。

　　目前,不少地方莲藕采挖已开始实现自动化、机械化作业,大大提高了挖藕效率和产能,减轻劳动强度,减少用工成本,并且操作使用方便,不损伤藕,挖出的藕质量好。

　　排骨莲藕汤备料及制作过程如下。

　　主材料:排骨(约半斤),莲藕2～3节。

　　配料:生姜、大葱、枸杞、料酒、味精、盐、胡椒粉、干面粉、白醋。

　　小贴士:莲藕应选用煨汤的莲藕,又称粉藕,其特点是颜色深,表皮泛黄,没有光泽度。用这种藕煨汤,口感粉糯香甜。吃进口里,入口即化,有特有的粉粉的感觉。

　　步骤一:初加工

　　①排骨剁成块。将肋排放入盆中,撒上一小把食盐和适量干面粉,抓拌均匀,直到排骨表面发黏,用清水冲洗几遍,这样可以更好地去除排骨中的血污杂质。

　　②莲藕去皮切成滚刀块,放入加了盐和白醋的清水中浸泡。这样可以防止莲藕氧化变黑。

　　③大葱、生姜洗净,姜切片、葱切末。

　　④藕块捞出,放少许盐,腌制一下。

　　步骤二:排骨焯水

　　①排骨下锅,倒入没过排骨的冷水,加葱、姜和料酒,大火煮开。

　　②撇去浮沫,盖锅盖中小火炖煮5分钟左右,水开后捞出排骨洗净,控干水分。

　　步骤三:炒排骨

　　①热锅凉油,油热后加葱姜爆香,放入焯好水的排骨翻炒。

　　②再加入适量料酒翻炒,倒入水(没过排骨),烧开。

　　步骤四:煨制

　　①炒好的排骨倒入砂锅中,开始煨制。

　　②煨开后,加一小勺白醋,这样可以让排骨肉更软烂,转小火盖上砂锅盖,煨15分钟。

　　③煨15分钟后将葱姜捞出,锅中加切好的莲藕,盖上锅盖,小火继续煨1小时。

　　④最后再加入适量的盐,转到中火再滚开煮10分钟左右,撒上葱花,排骨藕汤就制作完成了。

三、卤法

(一)卤法的概念和特点

卤法是一种冷菜的烹饪方法。做法是将加工好的原料或预制的半成品、熟料,放入预先调制的卤汁锅中加热,使卤汁的香鲜味渗入原料内部成菜,然后冷却装盘。

卤菜的基本特征:

①卤菜不是单一的烹制法,而是集煮制与调味二者于一身,调味是在煮制过程中完成的。煮制时要注意控制水量、盐浓度和调料用量,以利于卤制品颜色和风味的形成。通过调味还可以去除和矫正原料中的不良气味,起调香、助味和增色的作用,以改善制品的色、香、味、形。

②在加热方面,卤采用"炖"或"煮"的形式,要求卤汁清澈,便于凝冻成"水晶"冻。

③卤法要求保持原料的柔嫩性,需将其预焯水,要焯得透,采用沸水下锅的方法,以尽快使原料表层凝固,减少内部脂肪与蛋白的溶出量,采用小火力加热,保持卤水的清纯。

④卤水可反复使用,即为"老卤"。配制好的卤料还可以留待下次再煮,卤水要经常滤去杂质,保证清洁卫生,存放时需烧沸,除去过多的油脂,盛入陶瓷缸或搪瓷桶(盆)内不动,如长期不用,也应经常烧沸后再储存。

(二)卤法的基本种类

1. 生卤法

不用于加热制熟食物,而用于腌制食物原料的卤水即为生卤水,又可分为血卤和清卤,此法不属于制熟加工范畴。用盐与香料腌制生食料,盐的渗透使原料体液析出汇集的血水叫血卤;将血卤下锅采用"扫料"扫清的称为清卤,用其腌制原料可减少体液的外析量,使腌品保持柔软湿润的品质,同时缩短腌制所需时间。

2. 熟卤法

将原料浸置其内,用于加热熟制的卤水即为熟卤水。既可作为传热介质,又可通过自身的滋味对食料进行调味,相当于一种特殊的调味兑汁,其用料配方很多,因地制宜,各有特色。该法又分为红卤和白卤。

①红卤。红卤指在制作卤汤的时候加入一些炒过的糖(炒好后的糖呈红色)或酱油,因而卤制出来的食品是红色的。红卤是卤菜的一种,是将初步加工和焯水处理后的原料放在配好的卤汁中煮制的烹调方式。

②白卤。白卤属复合味型口感,味咸鲜,具有浓郁的五香特色,不加糖色。白卤制品呈无色或者本色。

(三)卤法的操作要领

①动物性原料均须先焯水后,再入卤锅卤制到入味、软熟。经常卤制鲜味足的动物性原料,能使卤水质量提高。

②鲜味的原料(如猪肉、鸡、鸭等)最好能与异味重的原料(如牛、羊、肉、肠、肚等)分开卤制,以保证卤制品的质量。

③卤豆制品的卤水最好是一次性使用,不要回用。

④常检查卤水咸度、色泽、香味及卤水量,并随时添补或更换,保证卤水质量。

⑤调味是加工卤制品的重要过程,调味时根据卤制品品种和调味料的特性和作用关系加入特定调味料,使调味料和原料在一起煮制的过程中,形成特殊风味。该过程奠定了成品的咸味、鲜味和香气,同时增进成品的色泽和外观。

⑥在煮制过程中,根据火焰强弱和锅内汤汁情况,可分为旺火、中火和微火三种。旺火火焰高强稳定,汤汁剧烈沸腾;中火火焰低弱摇晃,锅中间部位汤汁沸腾;微火火焰很弱,摇摆不定,汤汁微沸或缓缓冒泡。旺火煮时间较短,将汤汁烧沸,使原料初步煮熟;中火和微火烧煮时间较长,可使原料在煮熟基础上变得酥润可口,配料渗入内部,达到内外品味一致。

汉味黑鸭

湖北人嗜辣。湖北人喜欢的辣,以武汉卤鸭制品为代表,是在以辣为主调的卤水中加入糖和酱油,使卤出来的菜品呈现出酱色,集甜辣、酱香于一体,口感十分浓郁。

在湖北武汉人的餐桌上,最具代表性的卤味食材是鸭货食材,比如鸭脖、鸭头、鸭翅、鸭掌和鸭锁骨等,因此人们常常笑着说:"没有哪一只鸭子能活着走出武汉。"的确,武汉人的快乐时光中,最简单的幸福就是随时随地啃鸭脖。

汉味黑鸭备料及制作过程如下。

主材料:鸭脖、鸭头、鸭锁骨等鸭制品。

配料:葱、姜、蒜、花椒、干辣椒、小米辣、老抽、桂皮、香叶、草果、白芷、面酱、八角、冰糖、盐、鸡精、料酒、生抽、蚝油。

小贴士:加工卤制品的关键步骤是调味和煮制。卤料的配制没有固定的组成规格,可依据个人喜爱酌量添加。

步骤一:初加工

①洗净鸭制品;

②清除掉鸭脖上的淋巴、胸腺和皮脂。

步骤二:焯水去腥

①锅里水烧开,放姜片、料酒,再把鸭脖、鸭锁骨等倒进去焯水;

②焯水时要撇去表层浮沫,待鸭制品变色后捞起;

③焯好水的鸭制品放入清水中,洗净黏液,然后沥干水分。

步骤三:制卤料

①起锅烧油,等油热后,倒入冰糖炒制;

②等糖的颜色开始变深,质地变得较浓稠时,加入葱、姜、蒜、花椒、干辣椒、小米辣、老抽、桂皮、香叶、草果、白芷、面酱、八角等,一起在锅里炒香;

③等卤料炒出香味后,将鸭制品倒入锅中,一起翻炒。

步骤四:卤制

①加入热水煮制,水量以没过原料为宜;

②加入盐、生抽、老抽、蚝油等进行调味。

四、煮法

(一)煮法的概念和特点

煮法是一种基本的烹饪技巧,它利用沸水将原料煮熟。煮的过程中,需要加入适量的调味料和汤汁,以使成品的味道更加丰富和鲜美。煮法的操作简单,适合于各种家庭和餐厅的烹饪环境。

在进行煮制之前,需要对原料进行适当的加工。对于一些较小的原料,如蔬菜等,可以直接放入沸水中煮熟。而对于一些较大的原料,如肉类、鱼类等,需要先进行切块或切片,再放入锅中煮熟。另外,对于一些需要去腥或去涩的原料,可以进行适当的腌制或浸泡处理。

煮法的烹调过程相对简单,首先将食材放入沸水中,用中火加热,待水再次沸腾后,调小火力,慢慢煮熟。在烹调过程中,需要时刻观察锅中原料的状态,避免煮过度或煮不熟的情况。一般来说,煮的时间越长,食材的口感会越软烂。

煮法的汤汁与菜肴之间有着密切的关系,可以为菜肴提供浓郁的口味和鲜美的口感。因此,在煮法中,汤汁的选择和处理非常重要。一般来说,清汤、骨头汤、鸡汤等都是常用的汤汁,可以根据不同的原料和口味进行选择。

煮法的口味特点主要是鲜美、清香、爽口。由于煮法能够充分保留原料的原味和营养成分,所以煮出的菜肴口感清新,味道鲜美。此外,煮法的烹调时间较长,可以使原料的纤维组织得到充分扩张,使口感更加嫩滑。

煮法适用于各种原料的烹饪,特别是肉类、海鲜、蔬菜等。对于一些容易熟的食材,如蔬菜、豆腐等,可以短时间煮熟;而对于一些不容易熟的食材,如肉类、鱼类等,则需要适当延长烹调时间。

(二)煮法的种类

根据煮的介质分,有水煮、油水煮、奶油煮、红油煮、汤煮、白煮、糖煮等。以下主要介绍油水煮与白煮两种方式。

1. 油水煮

油水煮是原料经多种方式的初步熟处理,包括炒、煎、炸、滑油、焯烫等预制成为半成品,放入锅内加适量汤汁和调味料,用旺火烧开后,改用中火加热成菜的技法。

工艺流程:选料→切配→焯烫等预热处理→入锅加汤调味→煮制→装盘。

特点:菜肴质感大多以鲜嫩为主,也有软嫩为主,也有软嫩和酥嫩的,都带有一定汤汁,大多不勾芡,少数品种勾芡稀薄,以增加汤汁黏性。与烧菜比较,汤汁稍宽,属于半汤菜,口味以新鲜清香为主,有的滋味浓厚。

技术要领:油水煮法所用的原料,一般是纤维短、质细嫩、异味小的鲜活原料。油水煮所用原料,都必须加工切配为符合煮制要求的规格形态,如丝、片、条、小块、丁等。菜肴均带有较多的汤汁,是一种半汤菜。油水煮法的制作也很精细。该煮法以最大限度地抑制原料鲜味流失为目的,所以加热时间不能太长,以免原料过度软散失味。

代表菜:大煮干丝、水煮牛肉。

2. 白煮

白煮是将加工整理好的生料放入清水中,烧开后改用中小火长时间加热成熟,冷却后切配装盘,配调味料(拌食或蘸食)成菜的冷菜技法。

工艺流程:选料→加工整理→入锅煮制→切配装盘→佐以调料。

特点:肥而不腻,瘦而不柴,清香酥嫩,蘸佐料食用味美异常。

技术要领:选料严;原料加工精细;水质要净;加热的火候适当,冷菜用中小火或微火,加热时间较长;改刀技巧要精;调料特别讲究,常用有上等酱油、蒜泥、腌韭菜花、豆腐乳汁、辣椒油等。

代表菜:白肉片。

根据煮制时加入的汤量来分,有宽汤和紧汤两种煮制方法。

1. 宽汤煮制

宽汤煮制要将汤加至和肉的平面基本相齐或淹没肉。这种煮制方法适用于块大、肉厚的产品,如卤肉等。

2. 紧汤煮制

紧汤煮制要将汤加至距离肉平面 1/3～1/2 处,这种煮制方法适用于色深、味浓的产品,如酱汁肉、蜜汁肉等。

(三)煮法的技术关键

煮制要注意控制火候。在煮制过程中,根据火焰的大小强弱和锅内汤汁情况,火候可分为大火、中火、小火三种。

大火:又称旺火、急火等。大火的火焰高强而稳定,锅内汤汁剧烈沸腾。

中火:又称温火、文火等。火焰较低弱而摇晃,锅内汤汁沸腾,但不强烈。

小火:又称微火。火焰很弱而摇晃不定,锅内汤汁微沸或缓缓冒气。

火力的运用,对原料的风味及质量有一定的影响,除个别品种外,一般煮制初期用大火,中后期用中火和小火。大火烧煮的时间一般较短,其主要作用是尽快将汤汁烧沸,使原料初步煮熟,但不能使肉酥润;中火和小火烧煮的时间一般比较长,可使肉品变得酥润可口,配料渗入肉的内部,使产品达到内外咸淡均匀。有的产品在加入食糖后,往往再用旺火短时间煮制,其目的是使食糖加速溶化。卤制内脏,由于口味的要求和原料鲜嫩的特点,在煮制过程中,自始至终采用文火烧煮,其加热煮制时间随品种不同而异,一般体积大、块形大的原料,加热煮制时间较长,反之较短。总之,以产品煮熟到符合规格要求为适度。加热时火候和时间的掌握对肉制品质量有很大影响,需特别注意。

汉味水煮肉

水煮肉是川菜系很经典的一道菜品,在没有接触过这道菜之前,单单从菜名上看,往往会误认为这是一道比较清淡的菜品,其实水煮肉是川菜中极具代表性的重麻重辣的菜品之一。水煮肉传入湖北后,根据本地人的口味特点,改良了麻和辣的程度,变成了湖北人餐桌上的一道家常菜。

该菜因肉片不滑油,不爆炒,只是以极短的时间在水中烫熟而得名,成菜菜品麻辣鲜香、滑嫩弹牙,深受广大食客的喜爱。上浆绝对是水煮肉片口感滑嫩的最重要的一步,所以上浆时加入食材的顺序和时机非常重要,马虎不得。

汉味水煮肉备料及制作过程如下。

主材料:猪肉。

配料:干辣椒、生姜、大蒜、花椒、盐、醪糟、味精、豆瓣酱、葱、芝麻、胡椒粒、生抽、老抽、生粉、金针菇等。

小贴士:水煮肉食材的选择,口感最好的当属里脊肉,无多余筋膜,易改刀,本身肉质较嫩。改刀时先将里脊肉表面的筋膜去除干净,逆纹切 2 mm 厚的薄片备用。还应注意,煮肉宜用热水,可使肉块表面的蛋白质迅速凝固,肉内的增鲜物质不易渗入汤中,肉质鲜美。

步骤一:初加工
①猪肉切片;
②葱、蒜、姜切末备用。

步骤二:上浆
①肉片中加入少许盐、味精、生粉、蒜末、姜末搅拌均匀;
②腌制片刻。

步骤三:炒料
①锅中烧油,下入姜、蒜、豆瓣酱炒香;
②再加入干辣椒、花椒炒香。

步骤四:烧汤
①锅中加入一些清水烧开;
②再加入少许味精、生抽、老抽、一勺醪糟,熬出香味后捞出料渣。

步骤五:下肉
①将肉片下入锅中煮,肉片用筷子一片一片夹进锅里,不要搅动;
②加盖,煮 1~2 分钟。

步骤六:淋油
①碗中垫入沸水煮熟的金针菇;
②肉片与汤汁一道盛入碗中,撒上少许辣椒粉、花椒粉、葱花、芝麻;
③淋上热油。

五、氽法

氽是将鲜嫩无骨的原料加工成小的形状,投入具有一定温度的汤或水中加热、调味,制成汤菜的烹调方法。

氽菜的原料需细嫩鲜美,宜选猪里脊肉、羊肉、鸡脯肉、鱼虾、贝类、肝、腰片等。氽制时,将码味码芡的原料,投入先用旺火煮沸的适度汤水中,入锅微煮,拨散,水一沸,加以调味,连汤带菜起锅装碗。

(一)氽菜制品的主要特点

氽菜的特点是汤多而清淡,鲜嫩爽口,质地脆嫩。

（二）汆法的种类及各种具体方法

根据原料性质和操作要求及汤汁清澈程度的不同,可分为清汆、混汆。

1. 清汆

清汆是将经过刀工处理的鲜嫩无骨的原料,投入热汤中汆至断生捞在容器中,再注入调味热汤的一种烹调方法。

其特点是汤清味醇,质地鲜嫩。

2. 混汆

混汆是将经过刀工处理的鲜嫩原料放入锅中略煎(植物性原料不需油煎),投入宽汤中汆至原料熟透,汤汁浓白的一种烹调方法。

其特点是汤汁浓白,味道醇厚,质地鲜嫩。

根据投料时水温的不同,分为温水汆和沸水汆。

1. 温水汆

温水汆是指原料下入水锅时,水温应保持在 60～70 ℃,而当把原料全部下入水锅中后,再用旺火烧开,改以小火加热,使原料成熟的一种汆法。

工艺流程为:选料→刀工→调味→制作成形→下锅汆熟→调味出锅。

2. 沸水汆

沸水汆是指原料下锅时水要沸腾,等到原料刚熟时,调味而成的一种汆法。

工艺流程为:选料→初步加工→刀工处理→上浆、焯水→下沸水锅中汆熟→调味出锅。

（三）汆法的技术关键

汆法的技术关键在于以下几点:

①鲜嫩的原料(如肉类等)多切成薄片、细丝、小粒,而脆嫩的原料(如鱿鱼等)除了切成片和丝外,还可在表面剞十字花刀,再切成条、片、块。刀工要求大小一致、厚薄相同、粗细均匀、长短划一、整齐美观,但整体不宜切得过大、过厚、过粗、过长,否则原料难以在极短的时间内汆制成熟,造成口感不佳。

②原料下锅时顺锅边溜入,形态会更好。

③当成形的原料下入水锅后,不要马上推动,而是要等到其表面蛋白质凝固后,再用勺背顺着锅边轻轻推动,以防原料粘住锅底而破坏形态;若是把泥料全部倒入沸水锅里汆制,则应立即用筷子快速搅动,否则泥料会迅速凝固而不易搅成豆花状。

④当原料下完且水沸后,应改用小火将原料汆熟,切忌旺火。

（四）汆法的注意事项

汆法的注意事项如下:

①用于汆法的原料,要选用质地软嫩或脆嫩的,如鱼肉、畜肉、禽肉、虾肉、鲜贝等。

②上浆时要选用色白、细腻、无杂质的优质红薯淀粉、绿豆淀粉等,这类淀粉入水汆制后韧滑性较好。上浆时还需加少量的鸡蛋清,以增加成品的洁白度和滑嫩口感。

③汆水时原料下锅前火力要旺,用水要宽,否则原料下锅后水温骤减,势必延长加热时间,而影响质感。

④水锅内应加少许料酒,以使原料的部分异味随酒精挥发掉。

芙蓉氽鸡片

芙蓉氽鸡片
制作

吃鸡不见鸡——这就是芙蓉鸡片。在今天的鲁菜、淮扬菜、京菜、沪菜、川菜菜谱里都有此菜，是以鸡肉和鸡蛋为原料，或炒、或烩、或摊、或冲、或贴，烹制成咸鲜清爽、色白形雅的一道传统名菜。究其渊源，大抵先是在北方出现，逐渐传到江南地区，后才进入川渝的。各地以芙蓉为名的菜点非常多，凡以"芙蓉"命名的菜品，必定颜色洁白、口感鲜嫩。

目前可以考证到最早的芙蓉菜式，可追溯到元代，在蒙古医家忽思慧的医食著作《饮膳正要》中，有一道菜叫芙蓉鸡，其主料除了今天普遍使用的鸡肉和鸡蛋外，还有羊肚肺、红萝卜、栀子、杏泥等。

以芙蓉鸡片作为正式菜名，是在1911年，可以说是今天江南地区芙蓉鸡片的鼻祖。同梁实秋曾在《雅舍谈吃》中记载了民国十五年(1926年)在北京东兴楼吃芙蓉鸡片的情节。

从历史上的芙蓉菜点可以看到，鲁粤苏川，南北东西，中华各地饮食相互渗透、相互借鉴，既有共同之处，又有明显的地方特色，一菜如此，一个菜系亦如此，精彩纷呈，精妙至极。湖北的芙蓉氽鸡片又极具楚地的特点。

芙蓉氽鸡片备料及制作过程如下。

主材料：鸡胸肉、鸡蛋、菜心。

配料：葱、水淀粉、蛋清、盐、味精、清油、猪油、姜、蒜、糖。

步骤一：原料初加工

①去掉鸡胸肉上的脂皮和脂肪、经络，切成片，放入清水中，去掉血水，反复三次淘洗干净；

②用干净的纱布将洗好的鸡片上的水分蘸干；

③打三个鸡蛋，蛋黄和蛋清分离；

④将鸡片放入搅拌机中，加入少许水开始搅拌，中途依次加入水淀粉、蛋清、盐，搅拌至膏状，再加入猪油继续搅拌；

⑤葱取葱白部分切段，蒜、姜切片。

步骤二：鸡茸滑油

①锅内烧水，冷水下菜心，水烧开后加少许盐、味精、清油，捞出摆盘；

②油滑锅两次；

③锅内烧油(约半锅)，用勺子舀起鸡茸放入锅中进行滑油处理，成形后盛起；

④锅中烧水，将所有鸡片下入锅中，去除表面多余的油。

步骤三：成菜

①起锅烧油，放入葱、姜、蒜翻炒；

②加入少许水、盐、糖、味精，将鸡块倒入锅中翻炒均匀，最后加入少许油，翻炒出锅装盘。

六、焯法

(一)焯法的概念和作用

焯法是指将鲜嫩的食物原料置入沸水中加热,烫至半熟或刚熟,然后取出以备再烹饪的制作方法。焯法所使用的原料非常广泛,动物性原料主要包括大部分有血污或者散发膻、腥味的部位,如鸡肉和鸭肉经过焯水后可排出肌肉中的血污,牛、羊的内脏通过焯水可除去腥味;绿叶类植物性原料如菠菜、油麦菜等,其焯水后可使绿叶色泽更加鲜艳,口味依然保持脆爽;根块类植物性原料如竹笋通过焯水可去除涩味等。

(二)焯法的分类

根据焯法所使用的水温不同,可以分为冷水焯和沸水焯。

1. 冷水焯

冷水焯是指将需要焯水的食物原料浸泡在冷水中,再一起升温加热的方法。这种方法适用于动物性原料的制作,这是因为该原料接触高温后,表面会立即收缩,不利于内部的血污和腥、膻气味排出。在冷水焯时,要注意经常翻动原料,一则利于血污和异味的排出,二则使原料受热更加均匀。通常用于羊肉、肥肠、猪肚等。

2. 沸水焯

沸水焯是先将锅中的水加热煮沸,再放入原料的方法。这种方法适合于植物性原料和异味较轻的动物性原料,如鸡肉、鸭肉等。沸水焯时,原料在水中停置的时间不宜过长,否则动物性原料的肉质容易老;青菜的维生素会遭到破坏。

三鲜猪肝汤

三鲜猪肝汤
制作

猪肝是补血的常见食材。猪肝价格不贵,但是营养价值不低,常食可以补充营养和能量。猪肝对发育中的青少年、贫血患者为上佳食物;菠菜富含类胡萝卜素、维生素 C、维生素 K,具有保护视力、美容养颜、缓解贫血、通肠导便的功效;冬笋则含有丰富的维生素、矿物质和纤维素。三鲜猪肝汤成菜有健脾开胃、生精补血、明目补肝之功效。

但是食物搭配上要注意,猪肝忌与鱼肉、雀肉、荞麦、菜花、黄豆、豆腐、鹌鹑肉同食;不宜与豆芽、西红柿、辣椒、毛豆、山楂等富含维生素 C 的食物同食;动物肝不宜与维生素 C、抗凝血药物、左旋多巴、优降灵和苯乙肼等药物同食。

三鲜猪肝汤备料及制作过程如下。

主材料:猪肝、菠菜、冬笋、虾仁。

配料:盐、味精、生粉、醋、生抽、白胡椒、小葱、姜、蒜、香油。

小贴士:猪肝汤没有肉汤油腻,是一款少油清淡的汤类,但是要把猪肝汤做好还是有一定的难度,没处理好的话,猪肝会腥味很重,或者口感很老。做好三鲜猪肝汤,要记住如下几点。

①要选用新鲜的猪肝,这样做出来的汤才味道鲜美。

②猪肝的腥味比较重,一定要把猪肝的血水泡出来,清洗干净,最好切完后放入面粉和盐抓揉几分钟,尽可能把猪肝血水清除干净。

③烧汤的猪肝要比炒的猪肝切得厚一些,太薄的话,猪肝容易烫老,影响口感。

④猪肝下锅的时候要小火,火大了会把猪肝表面的淀粉冲散,导致浑汤,且不利于定形,口感也不好。

⑤菠菜和猪肝都是容易熟的原料,通常是猪肝烫定形后再下菠菜,大火烧开煮差不多30秒钟就可以了,防止把猪肝和菠菜煮过火。

⑥猪肝汤不要放入过多的调料,尤其是香辛调料,会让猪肝汤失去清香鲜美的味道。

步骤一:初加工

①冬笋切成薄片;

②虾仁平刀,切开背部;

③菠菜两刀切成三段;

④大蒜切末,生姜切片,小葱切段;

⑤猪肝改刀成块,由块切片。

步骤二:调味

①用醋腌制猪肝,去腥味;

②放入盐、白胡椒、生粉、水在虾仁中搅拌均匀。

步骤三:焯水

①菠菜放在开水中焯水,去氧化;

②猪肝放在开水中焯水,除腥去末,凉水冲洗干净;

③热锅放油,放入姜、蒜,炒香后放水;

④下冬笋,放入盐、味精、白胡椒;

⑤水开后,放入虾仁,煮至虾仁变红。

步骤四:起锅

①放入菠菜、猪肝、葱花;

②水和生粉勾芡,放入生抽,淋上香油盛出。

七、熬法

(一)熬法的概念和特点

在少量热底油、葱、姜等烹锅后对加工整理切配成形的原料加以煸炒,再加适量汤汁或水及调味品,急火烧沸,慢火加热成熟,不勾芡成菜的烹调方法,称为熬。

其操作要求及特点是:

①一般都是采用少量底油、葱、姜等烹锅,加原料稍炒。

②加汤汁或水要适量,慢火加热,不勾芡成菜。

③成品带有汤汁,原料酥烂,汤汁醇厚不腻。

④操作较简单,容易掌握,适宜做下饭菜。

(二)熬法的操作要领

熬法有以下几点基本操作要领:

①熬与炒、烩、烧的精细区别在于,熬是将具有流动性质的原料入锅,缓慢加热,使水分蒸发,逐渐黏稠,制成薄稠羹状,细腻滑爽无明显颗粒凝结的菜肴,如熬豆沙、熬枣泥等。

②熬需通过较长时间的加热使原料出味并收稠卤汁。

③熬的成品为稠厚酱糊状。

④在原料汤汁中可使用淀粉,增其黏稠。

⑤熬菜的黏稠是随水分的蒸发,动物溶胶、乳化、糊化等质量的提高而形成。

⑥熬制品除了内有天然固体原料外,不具有结块特性。

第五节　复式水烹法

与油导热复式方法不同的是,水导热复式方法的主导面在第二次加热的介质量操作方式和温度控制方面。第一次加热是为之奠定某些基础,与后续加热具有直接的因果关系,例如:将鸡预热走油,既可以将之扒制,也可以将之烧制或焖制。一道完美菜品的风味形成正是过程中前、后多次加热制熟的共同结果。

一、烧法

（一）烧法的概念和特点

烧是指将前期熟处理的原料经炸、煎或水煮,加入适量的汤汁和调料,先用大火烧开,调基本色和基本味,再改小中火慢慢加热至将要成熟时定色、定味,后旺火收汁或是勾芡汁的烹调方法。烧的烹调方法在湖北使用十分广泛。民间称做菜叫"烧菜",即可见烧法的普遍性。

其基本特点是:

①烧法取料广泛,大多以畜、禽、鱼及根、茎类蔬菜和豆腐为主料。

②烧法以水为主要的传热介质。

③所选用的主料多数是经过油炸、煎、炒、蒸或煮等熟处理的半成品。少数原料也可以直接采用新鲜的原料。经过预熟加工后的原料,入锅加水再经煮沸、焖熟、熬浓卤汁三阶段,成菜具有软、烂、香醇的特点。

④所用的火力以中小火为主,加热时间的长短根据原料的老嫩和大小而不同。

⑤汤汁一般为原料的 1/4 左右,烧制菜肴后期转旺火收汁或勾芡。因此成菜饱满光亮,入口软糯,味道浓郁。

⑥在原料方面,肉、禽类侧重于焖式加热,鱼类侧重于熬式加热,素菜类侧重于煮式加热。

（二）烧法的基本种类

1. 红烧

一般烧制成深红、浅红、酱红、枣红、金黄等暖色。调味品多选上色调料,多用海鲜酱油。代表菜:红烧肉、红烧鱼、红烧排骨。

2. 白烧

一般烧制加入白色或者无色调味品,保持原料的本色或是奶白色的烹调方法。代表菜:浓汤鱼肚、鸡汁鲜鱿鱼、白汁酿鱼。

3. 干烧

与红烧相似,但是干烧不用水淀粉收汁,是在烧制中用中火将汤汁基本收汁,使滋味渗入原料的内部或是黏附在原料表面上成菜的方法。菜肴要求干香酥嫩,色泽美观,入味时间较长,所以味道醇厚浓郁。成菜可撒上少许的点缀原料,如小香葱、香菜等。干烧讲究见油不见汁或少汁。代表菜:干烧鱼(川)、干烧冬笋、干烧鲳鱼(鲁)、干烧牛脯(粤)。

4. 锅烧

锅烧是古代对炸菜的一种称谓,锅烧菜是先经过初步热处理达到一定熟度以后,入味,挂糊再入油炸制成菜的方法,可以带上辅助调味料。原料必须去骨。糊可用蛋黄糊、蛋清糊、全蛋糊、水粉糊、狮子糊、脆皮糊,此法制作菜肴色泽金黄,口感酥香,味道浓郁。代表菜:锅烧肘子、锅烧鸡。

5. 扣烧

扣烧是一种将主料经过熟处理调味后进行煮、炸技术处理,再以刀工处理成形,扣于碗中整齐地摆放,然后上笼蒸至软糯倒扣入盛器中,而后用原汁(勾芡或是不勾芡)浇在蒸好的主料上,也可直接浇在炸好或煮好的主料上成菜的烹调技法。扣碗可大可小,小碗直径6 cm。代表菜:梅菜扣肉、扣肘子。

6. 酿烧

酿烧是将烧制的原料经过刀工处理后酿入馅料,经过初步熟处理后再进行烧制的烹调方法。原料改好刀以后酿入馅料时接触面要均匀地涂上一层干面粉或淀粉。这样可以增加粘连度。代表菜:酿烧刺参、煎酿豆腐、烧汁茄子。

7. 蒜烧

蒜烧是以蒜子为主要的调料兼配料烧制成菜的烹饪方法。掌握好炸蒜子的火候,炸成金黄色、蒜香浓郁为佳。代表菜:蒜子烧肚条、蒜子烧鱼。

8. 葱烧

葱烧是以葱为主要的调料兼配料的烧制方法。葱烧多选用葱白。葱烧的菜肴色泽多为酱红色,葱可以煸炒成黄色后使用,也可以将葱作为配料炒至断生呈白色后使用,类似葱爆菜。代表菜:葱烧蹄筋(鲁)、葱烧肥肠(淮扬)。

9. 酱烧

酱烧和红烧基本相同,着重于酱品的使用,常用黄酱、甜面酱、腐乳酱、海鲜酱、排骨酱等,炒酱的火候很重要,要炒出香味,不要欠火候和过火。代表菜:酱汁鱼(京)、柱候酱烧鸭(粤)、腐乳烧肉。

10. 辣烧

辣烧是以辣味调料(主要是辣椒酱、干辣椒)为主烧制菜肴的烹调方法。带有辣味的调味品很多,常用郫县豆瓣酱、泡辣椒、蒜蓉辣酱、泰国辣酱、干辣椒、辣椒粉等。代表菜:家常豆腐(川)、辣子鸡、香辣鱼头、泡椒鸡柳。

(三)烧法的操作要领

烧法有以下几个操作要领:

①选料要新鲜。烧菜的选料范围十分广泛,许多动植性原料、野味、干货及食用菌类都可以烧制成菜。唯一的要求是质地新鲜洁净。

②主料成形一般比较大。常用形状为大块、厚片、粗条或自然完整的形状。如需花刀处理,应保证原料在加热过程中不散碎。

③炝锅要炒出香味。葱、姜、蒜、泡椒要反复煸炒,使其香味溶在油中。

④汤水要足,色泽要红。足量的汤水是传热均匀的基础,也是保证味透内里、鲜香浓醇的条件,并制约着菜肴的软嫩程度。为保证成菜色泽红亮美观,应当使用优质酱油或糖色。

⑤准确把握成菜火候。软嫩、红亮、鲜香是红烧菜的火候标准。因此炝锅、煸炒、烧透、收汁各个环节都要灵活运用火力,该缓则缓,当急必急。认真观察锅中现况,一切随机应变,不到火候不出锅,一旦达到了火候标准,就要及时出锅。从总体上看,烧菜没有统一的加热时间,但绝大多数菜肴都应有一段慢火烧透入味的时间。

⑥勾芡要滑亮适量。烧菜以浓汁裹附,方显韵味优美。芡汁的量和浓度十分重要。粉汁要泼淋均匀,旋锅拢芡要流畅稳妥,使淀粉在完成糊化之时能均匀地裹附菜肴表面,呈现出浓滑、紧凑、红亮之美。

板栗烧仔鸡

湖北罗田位于大别山南麓,大别山主峰雄踞境内,这里森林茂密,自然环境优美,是首批命名的全国板栗之乡。罗田板栗品种较多,主要品种有桂花香、九月寒、红光栗、早栗、油栗、羊毛栗等 17 个品种,其中桂花香因具有自然的桂花香味,而享誉全国。罗田板栗一般为一球三果,两边均为半圆形,中果为扁圆形。果色多为褐色、红色、红褐色,不同品种色泽不同。罗田板栗不仅果大壳薄、肉脆味甜,而且外观金黄、色泽亮丽。因此常被湖北人用作板栗烧仔鸡这道家常菜的原料。

板栗烧仔鸡备料及制作过程如下。

主材料:仔鸡、板栗、上汤。

配料:葱、姜、绍酒、鸡精、酱油、生粉、胡椒粉、香油、盐。

小贴士:要想板栗烧仔鸡中的板栗咸甜可口,口感软烂,在处理板栗时要先煮后炸。做法是先将板栗放入冷水中,煮大概 5 分钟左右,再放入足以淹没板栗的热油中,炸 1 分钟即可。

步骤一:初加工

①将仔鸡清洗干净,剁成长、宽约 3 cm 的方块;

②板栗去壳,洗净滤干;

③葱切成 3 cm 的段,姜切成长、宽各 1 cm 的薄片。

步骤二:预熟处理

①将油倒入锅中,烧热,放入板栗炸成金黄色,倒入漏勺滤油;

②烧热油锅,下鸡块煸炒,至水干;

③倒入绍酒,加入姜片、盐、酱油、上汤焖 3 分钟左右。

步骤三:烧制

①取瓦钵,用竹箅子垫底,将炒锅内的鸡块连汤一起倒入;

②放小火上煨至八成烂时,加入炸过的板栗;

③煨至原料软烂,再倒入炒锅;

④放入鸡精、葱段,撒上胡椒粉,煮滚;

⑤用生粉水勾芡,淋入香油即可。

二、扒法

(一)扒法的概念和特点

扒法是指先用葱、姜炝锅,再将生料或蒸煮半成品中放入其他调味品,添好汤汁后用温火烹至酥烂,最后勾芡起锅的一种烹饪方法。

不论中餐还是西餐,扒菜都是主要的烹调技法。扒菜需将初步加工处理好的原料改刀成形,好面朝下,整齐地摆入勺内或摆成图案,加适量的汤汁和调味品慢火加热成熟,转勺勾芡,大翻勺,将好面朝上,淋入明油,拖倒入盘中。

扒菜制品的主要特点如下。

1. 选料

"扒"是较细致的一种烹调方法,鲁菜中较为多见。原料的采用原则是:第一要选高档精致、质嫩,如鱼翅、鲍鱼、干贝等海类产品。第二,一般用于扒制熟料,如"扒三白",所选用的原料有熟大肠、熟鸡脯肉、熟白菜条,选用这些原料的原因是容易入味,也具有解腥去味的作用。

2. 加工

根据原料的性质和烹制目的不同,原料要加工改刀成块、片、条等形状或整只原料,不论主料成什么形状,在烹制菜肴时要摆成一定的形状或图案,原料要进行初步熟处理。如干制原料要进行提前涨发,蔬菜原料要进行焯水过凉,具有缩短加热时间、调和滋味的作用。

3. 火候

掌握火候就是行业中的"看火"。《吕氏春秋》中有这样的记载:"五味三材,九沸九变,火打之纪,时疾时徐,灭腥去臊除膻,必以其胜,无失其理。"可见火候是决定菜肴成败的关键因素之一。扒菜的火候要求更严格,旺火加热烧开,改用中小火长时间煨透,使原料有味道,最后旺火勾芡,菜肴成熟,口感适中,一气呵成。

4. 造型

扒菜选用的原料形状要整齐美观。扒菜从菜肴的造型来划分,分为勺内扒和勺外扒两种。勺内扒就是将原料改刀成形摆成一定形状放在勺内进行加热成熟,最后大翻勺出勺即成。勺外扒就是所谓的蒸扒,原料摆成一定的图案后,加入汤汁、调味品上笼进行蒸制,最后出笼,汤汁烧开,勾芡浇在菜肴上即成。

5. 调味

由于原料的特点及调味品的不同,扒分为红扒、白扒、葱扒和奶油扒。红扒的特点是色泽红亮、酱香浓郁,如红扒鱼翅。白扒的特点是色白、明亮、口味咸鲜,如扒三白。葱扒的特点是菜肴能吃到葱的味道而看不到葱,葱香四溢。奶油扒的特点是汤汁加入牛奶、白糖等调味品,有一股奶油味,如奶油扒芦笋。另外还有鸡油扒等扒制方法。

6. 勾芡

扒菜的芡汁属于薄芡,但是比溜芡要略浓、略少,一部分芡汁融合在原料里,一部分芡汁淋于盘中,光洁明亮。扒菜对于芡汁有很严格的要求,如芡汁过浓,对扒菜的大翻勺造成一定的困难;如芡汁过稀,对菜肴的调味、色泽有一定的影响,味不足,色泽不光亮。通常扒菜的勾芡手法有两种:一种是勺中淋芡,边旋转勺边淋入勺中,使芡汁均匀受热;一种是勾浇淋芡,就是将做菜的原汤勾上芡或单独调汤后再勾芡,浇淋在菜肴上面,这一种手法的关键是要掌握好芡的多少、颜色和厚薄等。

7. 大翻勺

大翻勺是扒菜成败的关键因素之一。要求动作干净利索,协调一致,在大翻勺时应特别注意以下几点:第一,在进行扒菜大翻勺时要炼勺,使炒勺光滑好用,防止食物粘勺而翻不起来;第二,在进行大翻勺时需要旺火,左手腕要有力,动作要快,勺内原料要转动几次,淋入明油,大翻勺即可;第三,掌握大翻勺的动作要领是,眼睛要盯着勺内的原料,轻扬轻放,保持菜肴造型美观。

8. 出勺

扒菜出勺的技法有很多种。常用的有倒扒菜,在出勺之前将勺转动几下,顺着盘子自右而左拖倒,这样做是为了保持原料的整齐和美观,如蟹黄扒鱼翅。另外,还有将勺内的原料摆在盘中成一定的形状和图案,最后淋上芡汁即成。

(二)扒法的种类及各种具体扒法

按颜色可分为红扒、白扒。

①红扒是指加入番茄酱、红曲米、糖色等有色原料或调料进行扒制的菜肴。

②白扒是指不加入有色调味品和原料进行扒制的菜肴。

按原料形状可分为整扒和散扒。

①整扒是指将整形的原料经改刀后进行扒制的菜肴。如:海参、肘子、整鸡、整鸭、鲍鱼等。

②散扒是指将散性的原料摆出形状或花样进行扒制的菜肴。如:蔬菜、火腿、鸡脯肉、大肠等。

按口味可分为五香扒、鱼香扒、蚝油扒、葱扒、奶油扒和酱汁扒。

①五香扒是指在扒制过程中加入五香调味料进行扒制的菜肴。

②鱼香扒是川菜的味型,有小酸、小甜、小辣、微咸、葱姜味浓的特点,是用鱼香汁进行扒制的菜肴。

③蚝油扒以蚝油味浇汁为主要调料。

④葱扒是指在主料中加入大葱或葱油扒制成菜。

⑤奶油扒是汤汁中加入牛奶、奶油、牛油、奶粉、白糖等进行扒制的菜肴。

⑥酱汁扒是在红扒的基础上加入甜面酱、排骨酱、豆瓣酱、海鲜酱、黄酱等进行扒制的菜肴。

按技法分可分为蒸扒、炸扒和煎扒。

①蒸扒是将加工好的原料加调料上笼蒸制成熟后再进行扒制的菜肴。

②炸扒是将原料进行炸制保持其外形完整然后进行扒制的菜肴。

③煎扒是将原料加工成形后在锅中煎出形状和颜色（一般是金黄色）后再加入调料扒制的菜肴。

按原料可分为荤扒和素扒。

①荤扒是指动物性原料经过气蒸、过油、走红处理后再进行扒制的菜肴。

②素扒是指蔬菜类原料经过过油处理后再进行扒制的菜肴。

按造型可分为勺外扒和勺内扒。

①勺外扒就是所谓的蒸扒，原料摆成一定的图案后，加入汤汁、调味品，上笼蒸制，出笼后以鲜汤烧开，勾芡浇在菜肴上即成。

②勺内扒就是将原料改刀成形，放入勺内进行加热成熟，最后大翻勺出锅即成。

按地域可分为东北扒、京鲁扒和广东扒。

①东北扒：在东北一带，扒菜是将初步熟处理的原料加工、切配成整齐的形状，面朝下码在盘子里，轻轻推入有汤汁和调味品的勺中，小火慢慢煨透入味，再用大火加热，一边晃勺一边勾入水淀粉，最后沿勺边淋入明油，经过大翻勺（将菜肴悬空甩出，菜肴在空中整个翻过，再以勺接回）后，装盘成菜（菜肴形体完整、无破损）。菜例：素扒鱼翅、红扒鱼肚。

②京鲁扒：在山东、北京、天津一带，扒菜有时先用砂锅煨制原料，砂锅中用猪骨或鸡架骨垫底，主料用纱布包好（或不包）摆放砂锅中，再加入其他香料、调味品或火腿、老鸭等配料，然后加入汤汁，加盖焖至主料质地软香入味，取出主料，摆放盘中，起锅，将原汁用水淀粉勾芡后浇在主料上。菜例：五香扒肘。

③广东扒：广东一带扒菜，一般是将加工的原料经过沸水、沸汤焯熟，汽蒸或过油等初步熟（并调味）处理后，在盘中摆放整齐，取鲜汤调味兑汁，烧沸勾入水淀粉，打上明油调成卤汁，再将卤汁浇在原料上。此法扒制菜肴，具有造型美观，色、香、味俱佳等优点。菜例：口蘑扒菜心、扒素什锦。

（三）扒菜操作程序

原料切配成形（或宰杀初处理）→初步熟处理（焯水、过油、汽蒸、走红）→葱姜炝锅后下料→添汤→调味焖烧→勾芡→淋明油→大翻勺→整理装盘。

（四）扒菜技术要领

扒菜的技术要领如下：

①扒菜不能油太多，要做到"用油不见油"。

②菜肴形状美观，质味醇厚，浓而不腻。

③扒制整形菜肴速度比较慢，适合大型宴会和预定菜式。

④讲究汤汁、火候得当，扒菜要勾芡但是汤汁也要来自芡汁。

⑤扒菜一般用高汤，没有高汤用原汤。

⑥原料多加工成形体较厚的条、片状或直接使用整体形状的原料。

⑦原料必须经过热处理，可采用焯水、过油、走红、汽蒸。

⑧卤汁的浓稠度、口味应及时调整，芡汁明亮、成品菜肴完整。

楚菜案例

口蘑扒菜心

口蘑扒菜心
制作

口蘑扒菜心本是广东及湖南地区的风味名菜,属于粤菜、湘菜系。本菜虽然做法简单,但却是满汉全席108道菜式之一,既有宫廷菜肴之特色,又有地方风味之精华。

经常下厨房的人都知道,相比荤菜而言,素菜反而更考验厨艺。尤其是那种看上去最简单的菜。"浓肥辛甘非真味,真味只是淡。"这是《菜根谭》里的一句劝世名言。如实地面对自然本真,如实地理解食材的内在特质,是烹饪中最根本的哲学。

口蘑扒菜心就是一道真正体现出食材本味及内在特质的佳肴。此菜不仅味美,营养价值也很高。口蘑是一种食药同源的食物,具有很高的营养、药用和保健价值。油菜心含有大量胡萝卜素和维生素C,有助于增强机体免疫能力。油菜所含钙量在绿叶蔬菜中为最高,一个成年人一天吃500 g油菜,其所含钙、铁、维生素A和维生素C即可满足人体需求。

口蘑扒菜心备料及制作过程如下。

主材料:口蘑、油菜心、胡萝卜。

配料:生抽、水淀粉、盐、白糖、食用油。

小贴士:水烧开烫青菜,锅里不要忘记加些盐和油,这样青菜会特别绿,而且烫的时间不宜过久,要控制在1分钟内。

步骤一:初加工

油菜取菜心,菜心打"十"字口;蘑菇打花刀;将切成条状的胡萝卜插入"十"字口内。

步骤二:菜心焯水

锅中烧水,放少许油、盐烧开;将菜心放入锅中,过水捞出。

步骤三:香煎口蘑

锅烧干放入食用油,下入口蘑;口蘑煎至两面金黄;放入生抽、水淀粉、少许糖、盐调味;翻炒均匀,关火。

步骤四:摆盘

口蘑、菜心摆盘;将勾好芡的汤汁浇在口蘑、菜心上。

三、焖法

(一)焖法的概念和特点

焖法是将切配成形的原料,经过预熟处理后,加适量的汤汁或水及调味品,加盖用慢火加热,待原料酥软成菜的烹调方法。焖制菜肴具有形态完整、汁浓味醇、软嫩鲜香的特点。

(二)焖法制品的主要特点

1. 原料一般都要进行预熟处理

原料大多需要经过初步熟处理,一般采用焯水、走油或走红的熟处理方式,这样可有效缩短正式烹调时间和减少浮沫,确保原料的上色,保证成菜效果。

2. 准确控制掺水量和调味品

焖一般要求一次性添足汤水和调好味,汤水太多,会影响收汁效果,而汤水太少,则容易造成原料尚未成熟酥烂,汤汁却已经干枯。

调味料也应该一次性加足,但不宜过多,特别是咸味要控制好,要是口味稍淡,可在成菜后补充调味,但过了就很难补救。

3. 掌握好收汁技巧,合理控制汤料比例

常用的收汁方法有两种。一种是物理收汁,利用高温蒸发减少水分,提高汤汁浓度,这主要靠控制火候来达到收汁效果。另一种是化学收汁,这又分为三种情况:

一是利用原料本身含有的胶原蛋白融入汤汁形成自来芡;

二是利用糖的化学性质达到收汁效果;

三是利用淀粉糊化勾芡收汁。

焖类菜肴对汤汁和原料的比例要求很高,必须根据具体菜肴来确定汤料比例,以便选择恰当的收汁方式。

(三)焖法的种类及各种具体焖法

根据使用的调味品和成菜颜色不同,焖有黄焖、红焖、酱焖等之分。

1. 黄焖

黄焖又叫油焖。它是把加工成形的原料经油炸或煸炒成黄色,待排出水分后,放入陶瓷器皿里,加调料和适量的汤汁,上小火焖至酥烂。如黄焖鸡块。

2. 红焖

红焖一般是先把原料加工成形,再用热油炸或用温开水煮一下,使外皮紧缩变色,原料内部的水分排出,然后装入陶罐里,加适量的清水和调料品,并加盖密封,等到用旺火烧开后,改用中小火焖至酥烂入味为止。

红焖除了用葱、姜、绍酒和白糖外,还要多放酱油,成菜要保持原汁原味。如红焖羊肉。

3. 酱焖

酱焖是将加工处理好的原料,放入酱料和调味品制成的汤汁中,旺火烧开,转中小火加盖焖熟,转旺火收汁至浓郁的一种烹调方法。

(四)焖法的技术要领

焖法的技术要领如下:

①焖法多选用质地老韧、鲜香味美,以及富含胶原蛋白的原料。

②添加汤汁或水要适量,以浸没原料为宜。另外,添加汤汁时,易熟原料少添加,不易熟原料多添加。

③热处理方法多选择过油,或焯水处理。

④焖制时火力不可过大,否则成菜后菜肴肉质柴老。

⑤红焖时,调味必须加入有色调味品,如酱油、糖色、老抽、甜面酱、红曲米。汤汁可略宽,根据烹调特色,掌握好焖汁口味,不用收汁。

(五)焖法的注意事项

焖法有如下几点注意事项:

①焖制原料要加工成块、条、段、片等形状,原料是自然形态的要剞刀处理。

②酱料以甜面酱、豆瓣酱、西瓜豆酱、金黄酱等为主,也可使用排骨酱、柱候酱、红烧酱等。

③一般先旺火至沸,转中小火至熟,最后转旺火收汁。

罐焖黄牛肉

罐焖黄牛肉
制作

罐焖黄牛肉不仅是国宴名菜,也是牛肉最经典的吃法之一。本菜充满了浓浓的俄式风情,传入中国后又与食疗相结合,可以说是中西合璧,具有补脾胃长精神的养生功效。

罐焖黄牛肉所采用的"土罐",是陶器时期的产物。陶罐的主要功能为煮水和贮水,既可作烹煮器,又可作盛食器。

在古代,陶器的发明及制陶业的兴起,使得真正意义上的烹饪器具应运而生,伴随着烹饪器具的运用,新的烹饪技法"水熟"成了陶器时期烹饪工艺的基本特点。

在各个历史时期,陶器一直未中断过制作和使用。直至今天,陶制的砂煲、罐等作为传统烹饪器具仍在使用。

罐焖黄牛肉备料及制作过程如下。

主材料:黄牛肉、白萝卜。

配料:干辣椒、生姜、盐、味精、糖、花椒、葱、料酒。

小贴士:肉类可以用羊肉、鸡肉、鱼肉、猪肉来代替,焖烤的时间要相应调整。蔬菜根据自己喜欢的内容调整,可以加蘑菇和番茄进一步调味。蔬菜切的大小要根据所配肉类调整,如牛羊肉这种不好熟的,菜可以切大块,鸡肉这种好熟的肉,菜要切小丁。以菜肉同时焖熟出炉为准。

步骤一:初加工

①锅中烧水,放牛肉和白萝卜;

②放入干辣椒、花椒、姜片、小葱、料酒煮开;

③撇去浮沫,继续煮30分钟左右;

④煮好的牛肉和白萝卜切块备用。

步骤二:调味

①将煮牛肉的汤烧开,加入姜片、萝卜块、牛肉块;

②再加入少许盐、味精调味。

步骤三:装罐

①牛肉盛入罐中,用荷叶封住罐口;

②再盖上锡箔纸,抹上泥巴封口。

步骤四:烤制

①将闷罐放入烤箱中烤30分钟;

②从烤箱中取出焖罐,即可食用。

四、烩法

烩是一种将加工成块、条、片、丝、丁、球状的熟原料,运用清汤或鸡汤、排骨汤相搭配,用先旺后小的火力,并加入调料,将原料烩制成菜的一种烹调方法。用以烩制的原料非常广泛,畜肉、禽肉、海鲜、蔬菜均可选用。一般说,烩制菜肴的时间都比较长。烩菜具有汁味浓厚、主料香鲜酥软、色泽多样的特点。

(一)烩法制品的主要特点

①成品汤宽味醇,汤菜各半。
②汤汁微稠,味浓,滋味很丰富。
③食材质地脆嫩爽滑,口味以咸鲜清淡为主。
④菜品保温性较强,主要突出食材的质感。
⑤一般是一菜多料,色彩鲜艳。

(二)烩法的种类及各种具体烩法

烩法的划分方法具体有以下几种。

1. 以汤汁的色泽划分

红烩:以深色调料烩之于菜,特点是汁稠色重。
白烩:以无色调料烩之于菜,特点是汤汁浓白。

2. 以调料的区别划分

糟烩:以糟汁为明显调料烩之于菜,特点是糟香浓郁。
酸辣烩:以醋和胡椒粉为明显调料烩之于菜,特点是酸辣咸鲜。
甜烩:以糖料烩之于菜,特点是甜香利口。

3. 以制作的方法划分

勾芡烩:将原料加工成形,经预熟处理后,用汤和调味品勾芡制成菜肴的烹调方法,称为勾芡烩。
不勾芡烩:不勾芡烩也称为清烩,就是将加工成形、预熟处理的多种原料掺在一起,用汤和调味品不勾芡制成半汤半菜的烹调方法。

(三)烩法的烹调特点

烩法烹调所采用的原料一般都要事先加热处理。烩菜以白烩居多,因此要用白汤,勾薄芡。有些要求汤清味爽的菜肴则用清汤。

(四)烩法的技术要领

烩法的技术要领如下:

①烩的原材料既可以是生料,也可以是熟料,动物性食材的生料一般都会先进行改刀后码味上浆,用温油滑熟后再烩制。植物性食材一般会经过改刀焯水后再烩制。熟的食材可以直接烩制。

②因为烩需要经过前期的预熟处理,所以二次烩的时候,就不宜在锅中久煮。一般在汤汁烧开以后,加入需要烩制的食材,汤汁再次烧滚后即可勾芡,以在较短的时间内保证成

品的鲜嫩。

③烩讲究汤料各半，所以勾芡也是一个特别重要的技术环节。成品芡汁要浓稠适度，如果汤汁太稀，食材浮不起来，汤汁太稠又比较容易黏稠糊嘴。所以在勾芡的环节时，火力要旺一点，汤要沸腾再下入水淀粉，下入水淀粉后要迅速搅拌，使淀粉快速糊化。注意使用水淀粉的时候一定要将水和淀粉调匀，避免出现小疙瘩。经验不足的初学者可以分多次下入水淀粉，以防止成品太稠。

④烩讲究汤汁各半，因此烩对底汤的要求也很高，并不是使用简单的清水，一般会用到清汤或者浓汤。要求口味平淡、汤汁清白的菜品需要用到高级清汤，而一些需要有回味的烩菜则需要用到浓汤，制作这类菜肴时尽量不要使用清水。

⑤烩的时间不能太长，在选择火力的时候通常使用中大火，使之快速烧开，然后勾芡，其成品才能色泽清亮。

白汁烩鱼圆

白汁烩鱼圆
制作

鱼圆的主要原料是鱼肉，鱼肉里富含人体所需的营养成分，包括镁元素、维生素 A、钙、铁、磷、蛋白质等，对利水消肿、清热解毒、养肝补血、泽肤养发等都有很好的功效。鱼圆有很多类型，但是做法差不多一致。鱼圆各地都有，但叫法却不同，鱼圆、鱼丸都有。说到鱼圆，最出名的还属武汉汤逊湖鱼丸。

白汁烩鱼圆备料及制作过程如下。

主材料：草鱼、小青菜。

配料：姜、盐、葱、味精、生粉、猪油、枸杞、料酒、色拉油、鸡蛋。

小贴士：

①待鱼茸吸足水分后再加盐。若先加盐，搅拌后鱼茸会变黏成团，有一部分蛋白质沉淀成粒，而不能形成凝胶体，影响鱼茸的吸水量，挤出的鱼圆加热后，表面不光滑，弹性不足，口感发柴，味感不鲜美。

②搅拌鱼茸时一定要朝同一个方向（要么顺时针、要么逆时针）搅拌上劲，否则鱼圆很难漂浮。

③搅拌上劲的鱼茸挤鱼圆，最好是冷水下锅（此时一定要小火，甚至可以不加热），如果大火可能会导致鱼圆受热不均匀，夹生。等鱼圆煮开后就可以盛出，放在冷水中浸泡。

步骤一：初加工

①清水中放入姜片、料酒、葱结；

②将鱼剔刺，刮鱼肉放入葱姜水中；

③捞出葱姜，保留一部分水，连同鱼肉一起放入破壁机中，打入一个蛋清后开始搅拌；

④倒出鱼茸，过滤出血水；

⑤再次放入破壁机中，加入少许盐、生粉、葱姜水、蛋清开始搅拌；

⑥中途加入少许葱姜水、猪油，搅拌至膏状即可。

步骤二：制鱼圆

①锅中烧水，手握鱼茸，用不锈钢勺刮成团状放入锅中；

②加入姜片、葱结,加大火煮,煮的过程中用勺子背面搅动鱼圆。

步骤三:漂洗

揭盖,捞出鱼圆,放入冷水中漂洗干净捞出。

步骤四:焯青菜

①锅中烧水,放入少许盐、味精、色拉油煮开;

②放入小青菜焯水,变色后捞起过冷水。

步骤五:调汁

①锅中烧少许水,放入盐、味精煮开;

②放入少许生粉水,下入鱼圆,再少量多次放生粉水,搅匀。

步骤六:出锅

起锅装盘;淋汁,用枸杞装饰。

五、熰法

(一)熰法的概念

熰是一种较复杂的烹饪方法,是将经过炸、煎、炒或水煮的原料,用葱、姜炝锅,加入适量鲜汤和调味品,先用旺火烧开,再转中小火长时间加热收汁,使调味品的滋味慢慢地渗入主料内部,达到香透入味的一种烹饪方法。

在熰菜的技法中,拢芡与收汁是较为关键和复杂的一种技巧,具有成菜后形美、味醇、原汁原味、明油亮芡的特点,因此熰菜多为筵席中的上乘菜肴。

(二)熰法的分类

由于熰制的方法和所用调味料的不同,熰法可以分为干熰、葱熰、酱熰、腐乳熰和奶熰等。

①干熰:即把主料两面煎黄(或煸黄),用配料炝香汤汁后熰干,再淋入香油后成菜,如干熰鸭子、干熰鲫鱼等。

②葱熰、酱熰、腐乳熰:即把主料炸或煎成柿红色,分别加葱段、甜面酱(或黄酱)、腐乳等熰制成菜,如葱熰牛方、酱熰鱼、南乳熰肉等。

③奶熰:即把主料经温油滑透再熰制,最后勾入芡汁,倒入牛奶,淋上鸡油后成菜,一般适用于蔬菜原料,如奶油熰菜心等。

(三)熰法与烧法和熬法的区别

1. 熰法与烧法的区别

从形式上看,熰法与干烧无异,但精妙的区别是:干烧的预热以增香着色为目的,而熰法的预热则是以食料的干酥松脆为目的。干烧的成菜仍要求以软嫩为标准,熬收汤汁时火力稍强,收缩也快,成品盘中见油而不见汁;而熰法则注重长时间的焖熬结合,火力较小,甚至微火力加热,使原料在长时加热中缓慢吸卤,徐徐收缩,成品盘中微有原汁,肉质也显得酥松入味,甚至连骨刺也酥松有味、可嚼。

2. 熰法与熬法的区别

熰在本质意义上与熬的不同点是:熰是通过长时间加热使原卤被食料吸收而紧附;熬

则是通过水分的蒸发与原料的糊化、溶胶作用而增稠。为了使肉与骨达到酥松干香的目的,爆菜中常大量使用香醋,这对酥松骨质具有一定作用,成品咀嚼耐味,余味无穷。

三游神仙鸡

三游神仙鸡是湖北宜昌市的一道传统菜,选用肥嫩仔鸡为原料,经宰杀治净后,以整鸡置于砂钵中用多种调味料腌制,再加高汤及香料、冰糖等调料烧沸,然后移小火(爆)至汁浓鸡熟装盘。成品色泽酱红,香糯软嫩,原汁原味,很有特色。

相传,三游神仙鸡的得名,源于宋代"三苏"。早在北宋嘉祐元年(公元 1056 年),著名文学家苏洵、苏轼、苏辙父子三人,从故乡眉州(今四川眉山)赴汴京(今河南开封)应考。途经夷陵(今湖北宜昌),被三游古洞的险峻所吸引,遂备上酒菜到此一游。对酒吟诗,胜似神仙。后人遂将"三苏"所食之鸡菜命名为"三游神仙鸡"。后来南宋诗人陆游,在宋乾道五年(公元 1169 年)亦慕名登三游洞,还汲水煎茶并题诗于三游洞石壁,品食三游神仙鸡。由此,三游神仙鸡美名远扬。

三游神仙鸡备料及制作过程如下。

主材料:仔鸡整只。

配料:香葱、姜片、桂皮、八角、花椒、冰糖、黄酒、酱油、盐。

步骤一:初加工

①鸡洗净,整只备用;

②香葱洗净,姜切片。

步骤二:增色

①锅内放油,加冰糖慢慢融化,冰糖颜色变得棕红;

②冰糖全部融化后,关火,快速倒入大半杯黄酒;

③待锅内温度降下来后再倒入酱油,增色。

步骤三:入味

①加入八角、花椒和桂皮,小火加热,煮沸 5～10 分钟;

②加入适量盐,以便入味;

③把汤汁里里外外刷到鸡身上,让其腌制入味至少 1 个小时。

步骤四:爆制

①砂锅或者石锅,底部铺上姜片;

②铺上小香葱,然后把腌制过的鸡盖在上面,淋上所有的汤汁;

③然后用铝箔纸封口(有盖的砂锅可以直接用盖盖上);

④小火爆熟。

第六节　固体烹法

固态介质泛指具有固体性质的导热介质。固体烹法一般有盐焗法、泥烤法、锅烤法、铁板烙法、石烹法、盐煸法等。固态介质导热制熟法历史较为悠久,是一种古老的技法,在现代餐饮中,常将其某些方面进行改良后引入餐桌,给人以古朴的新奇感受。

一、盐焗法

(一)盐焗法的概念和特点

盐焗法是将加工腌制入味的原料用锡纸包裹,埋入烤红的晶体粗盐之中,利用盐的导热的特性,对原料加热成菜的技法。

焗的本意是食物在密封闷热的容器中徐徐受热变性成熟。原料经焗制后受热膨胀,质地组织松软,水分蒸发,吸收菜品配料、调味料的味道,形成其特有的质感和风味。实际上,焗在导热制熟烹调方法中只是一个局部过程,许多制熟方法里都有焗的过程。焗也即封闭恒温加热的焖的过程。

焗制成菜的基本特点如下。

①一般以整体的生料作主料,诸如整鸡、鸡腿、鸡翅、肥鸭、乳鸽、禾花雀、猪排骨、牛蛙和各种鱼类、虾类等。主料多须在事前腌制。

②肉类多以原味为基础,调味时或加汤水或加油,都要加盖烹制,尽量吸收各种调料的特殊气味,使烹制成的菜品更有原料与调料混合而成的复合滋味。

③烹制时用中火加热至原料熟透,使其充分显现原汁原味、芳香味鲜而醇厚的风格特色。

④焗的目的在于直接给原料增加鲜香味而不使原料本身的美味受损,使烹制出来的菜肴干爽、口感软嫩。

(二)盐焗法的种类

焗制法因焗器不同,可以分为锅焗、瓦罐焗、焗炉焗等;因传热介质不同,有盐焗、原汁焗、汤焗、汽焗、水焗等形式;因调味不同,有酒焗、蚝油焗、陈皮焗、油焗、荷叶焗、西汁焗、果汁焗、柠檬焗等。

(三)盐焗法的操作要领

盐焗法的操作要领如下:

①由于盐焗是利用盐堆加热后的余热来将原料焗熟,因此选用的原料最好是质地软嫩的,否则成菜会口感发柴。但也不可选用太嫩的原料,否则成品较难成形。

②盐焗的菜式在加热时,几乎是与外界隔绝的,调味料流失很少,所以咸味不宜放得过重。

③包裹原料的纸要耐得高温,原料要包裹得够严密,不能让盐进入到原料里面,不然会影响风味。

④盐的用量要够多,一般是原料的 3 倍,温度也要够热,铺盐时,底下要铺多一点,最好是用深一点的瓦煲。

⑤要用小火慢慢加热,如想保持比较固定的温度,可放进烤箱里制作。

⑥要因应原料的大小、质地和盐的厚薄程度来调控焗的时间,一般 1 只生的 2 斤重光鸡,最少要焗 30 分钟。

盐焗板栗

中国有句民谚叫："七月杨桃八月楂，十月板栗笑哈哈。"板栗，又名栗，素有"千果之王"的美誉，与桃、杏、李、枣并称"五果"，属于健脾补肾、延年益寿的上等果品。板栗营养丰富，含糖类、蛋白质、脂肪及多种维生素、矿物质。

板栗的吃法很多，可用来加水熬汤食用；可用板栗煮粥加白糖食用；可每日早晚食用风干栗子数颗；也可用鲜栗子焗熟后食用。盐焗板栗是一款老少咸宜的休闲小食，口感又香又粉，制作过程也不复杂，因此深受人们的喜欢。

盐焗板栗备料及制作过程如下。

主材料：板栗。

配料：盐。

小贴士：盐焗板栗时需要使用大粒粗盐，因为细盐容易使栗子表皮带有咸味，影响风味。另外，用过的粗盐可以晾凉后收集起来再次炒制干果用。

步骤一：初加工

在板栗表皮用刀划开一道口。

步骤二：盐焗

①把锅烧热，倒入粗盐，先小火把盐炒烫；

②倒入板栗翻炒，可以转为中火，炒几分钟温度上升后，板栗上划的口会裂开露出澄黄的板栗肉；

③继续翻炒，待板栗肉能轻松脱壳，吃起来粉糯即熟，若吃起来还略有发硬则继续翻炒；

④板栗全熟后，可用漏勺把板栗滤出，装盘冷却后即可食用。

二、泥烤法

（一）泥烤的概念和特点

泥烤，属于最原始的利用火做饭的技术。泥烤技法源于民间，最初是把食物裹上泥在火上烤。原始的泥烤是食物最简单的处理方式，还原食材本来的香气，体现原汁原味。虽然充满了乡土气息，但闪耀着美食的光辉。现代的泥烤又称泥煨，是一种独特的烤制方法，其制法是将原料先经腌制，外面用猪网油、荷叶等加以包扎，然后再用黏土将其密封裹紧，放在火中烤制成熟。原料经密封烧烤，因此成品的味道鲜美，清香扑鼻，具有特殊风味。

泥烤技术发展到当今，其工序变得较为复杂，需经过包裹、捆扎、糊泥、烤制四道程序。包裹中的猪网油主要起滋润作用，若无网油，也可用生肉皮或生肥膘肉片代替，但效果不及猪网油。荷叶则取其清香，并作为食材与泥的隔离层，还可在荷叶外层再加上玻璃纸，增强其密封性，防止卤汁外溢。捆扎需用细麻绳，先扎两道十字，再密密地扎成椭圆形。

泥烤法是间火烧烤，指的是热源通过其他介质将热量传给食物的烧烤方式。

（二）泥烤的种类

随着人类用火技术的不断进步,多种广义的泥烤法应运而生,如坑烤、泥炉烤、瓦片烤、窑烤等,多种多样的以泥为加热介质的烹饪方式形成了中国烹饪艺术中重要的泥烤法。

1. 传统泥烤

除荷叶外,泥烤包裹食材的用品种类也不断增加,例如猪网油、玻璃纸、铝箔纸等。包裹食物原料的泥巴也在不断改进,最先使用的黄泥现在已逐步改用为酒坛泥,以增加菜肴香气。为了家庭制作方便,有的还用面粉泥代替泥巴,用家庭烤箱代替土瓮,这也是泥烤法的一种继承和发展。

泥烤菜的原料以小型禽类和鱼类为主,一般都要提前腌制好才能进行加热。具体操作方法是:将原料包裹并捆扎,再用泥包裹食材,置于火中或烤箱中烤制。

传统泥烤的操作要点:

①泥烤以糊泥最为关键,将湿黏土均匀地涂在包裹的原料外,既起到传递热能的作用,又起着良好密封容器的作用。黏土宜选用酒坛封口的细质黄泥,俗称"酒坛泥"。江浙地区喜欢用黄泥加花雕酒,代替酒坛泥的芳香,用料比例为黄泥 1000 g、黄酒 6 mL 左右。

②用泥包裹原料时,不能有漏洞。方法是把泥平摊在湿布上,厚约 2 cm,包扎后的原料放在中间,把湿布四角拎起包紧,使其牢牢黏附于原料上,然后揭去湿布抹平,将原料全部包住。

③原料烤制熟后,需除净黄泥方可食用。方法是将烤熟的原料放在案板上,轻轻敲碎泥土,揭去玻璃纸或荷叶,整理后装盘即可。

2. 泥炉烤

泥炉是较早出现的节能灶具。因式样美观,色泽乳白,承受力强,高温不裂,经久耐用,深受大众喜爱。如红泥火炉、红瓦烧烤都比较有名。大家聚餐时,在餐桌上摆放一个小小的火炉,边吃边烤制,伴随着滋滋的烤肉声音,炭香和肉香相互混合,刺激食客们的味蕾。

泥炉烤中最出名的当属瓦片烤肉。操作方法是:炭炉烧起来,架上瓦片预热,以手试探感到微微发热后,便可刷上一层金黄色食用油,稍作等待,温度达到烫手时,便可开始烤制,此时的火候恰好能保留食材的鲜嫩与多汁。

3. 瓮烤

瓮是一种盛水或酒等的陶器,如水瓮、酒瓮、菜瓮等,用类似瓮形器件烧烤或窑炉烧烤就叫瓮烤。香瓮烤肉是一道经久不息的中式名菜,源自远古,蕴藏了深厚的历史底蕴,令人回味无穷。制作此菜时需要混合搭配各种原料,如羊肉、牛肉、猪肉、香菇、鱼、辣椒等。成菜外表色泽鲜亮,口感醇厚,还具备滋补的功效。香瓮烤肉的烹饪方式也很特别,需要用小腊瓮,内部装满各类肉类,外面裹上豆瓣酱,用加热的石头将瓮子中的食料烤熟,烤出的香味有浓郁清香之气。

4. 竹烤

竹烤又叫筒烤,是将要烤制的食材,如畜、禽、蔬菜、米等放入竹筒中,密封后在火上烧烤至熟的一种烧烤方法。竹筒一般长度为 30～40 cm,直径 10 cm 以上,两头带竹节,且密封状况良好。烤制过程中要不断翻转竹筒,使内部食材受热均匀。烤熟后需将竹筒劈开取出菜肴,成菜原汁原味,还带有竹子的清香。

面烤鮰鱼

鮰鱼又称长吻鮠、江团、肥沱、肥王鱼等。该鱼营养丰富,具有低热量、低盐、低胆固醇、高蛋白的特点,鱼肉中含有大量胶原蛋白和18种人体必需的氨基酸,富含人体必需的多种维生素和微量元素以及不饱和脂肪酸,富含DHA和EPA(俗称脑黄金),对增强记忆力,防止血管硬化、高血压和冠心病等大有益处。

鮰鱼的烹调法多以烧、炖为主,烧或炖时可先把鱼在油中煎至微黄,这样不容易散,味道更鲜美。鮰鱼也可用来煮汤,做酸菜鱼、水煮鱼。湖北还有一种特殊的鮰鱼制法,将鱼烤制,成菜特点是色泽金黄,鮰鱼鲜嫩,原汁原味,面皮酥脆,菜点合一,别有风味。

面烤鮰鱼备料及制作过程如下。

主材料:野生鮰鱼、火腿、鲜笋。

配料:面粉、姜片、盐、料酒、柠檬、葱。

小贴士:鮰鱼的挑选影响整道菜的口感,怎样挑选鮰鱼是有诀窍的,需要把握好这三个方面:

①看精神。新鲜的鮰鱼活泼好游动,被触碰时反应敏锐。

②看鱼体。品质好的鮰鱼鳞片较全,没有淤血和外伤。

③看眼睛。应挑选眼睛饱满、凸出且有神的鮰鱼。

步骤一:初加工

①将鮰鱼宰杀放血,烫皮去黏液。

②用盐、葱、姜、料酒、柠檬腌制10分钟。

③将鱼两边剞牡丹花刀,依次将火腿片、笋片、姜片放入刀口备用。

步骤二:和面

①先用面粉顺(逆)时针方向擦盆,直至面盆内壁光亮。然后,边加水边搅拌。

②将和完的面团盖上盖子,饧发10分钟。

步骤三:烤制

①将和好的面团用压面机压成厚约0.5 cm的面皮。

②将鱼包入面皮,捏成鮰鱼外形后,放入烤炉中烤制70分钟(底火160 ℃,面火180 ℃)。

步骤四:装盘

①将鱼取出烤炉。

②切开鮰鱼面皮,装盘,跟味碟食用。

三、锅烤(焗)法

(一)锅烤(焗)法的概念和特点

锅烤又称为锅焗,是指将食物原料加各种调味品腌制或调味后,放在密闭的铁锅中烘烤制熟的烹饪方法。原料经焗制后受热膨胀,使质地组织松软,水分蒸发,吸收菜品配料、调味料的味道,形成其特有的质感和风味。锅烤所用烤锅呈圆口、浅壁、平底形,近似煎锅,但有铁盖,使用时将铁盖烧红再盖于锅上,使原料置于下烙上烘的热环境中。

其烹饪特点是:

①一般以整体的生料作主料,诸如整鸡、鸡腿、鸡翅、肥鸭、乳鸽、禾花雀、猪排骨、牛蛙和各种鱼类、虾类等。主料多须在事前腌制。

②肉类多以原味为基础,调味时或加汤水或加油,都要加盖烹制,尽量吸收各种调料的特殊气味,使烹制成的菜品更有原料与调料混合而成的复合滋味。

③烹制时用中火加热至原料熟透,使其充分显现原汁原味、芳香味鲜而醇厚的风格特色。

④焗的目的在于直接给原料增加鲜香味而不使原料本身的美味受损,使烹制出来的菜肴干爽、口感软嫩。

(二)锅烤(焗)法的分类

锅烤(焗)法因烹饪用具不同,可以分为锅焗、瓦罐焗、焗炉焗等;因传热介质不同,有盐焗、原汁焗、汤焗、汽焗、水焗等形式;因调味不同,有酒焗、蚝油焗、陈皮焗、油焗、荷叶焗、西汁焗、果汁焗、柠檬焗等。

(三)锅烤(焗)法的操作要点

锅烤(焗)法的操作要点如下:
①操作锅烤(焗)时,要求容器上下受热均匀,从而使成菜能具有膨润、鲜香的风味。
②锅烤(焗)法烹饪的温度不宜过高,在 105～160 ℃,时间随不同原料而有差异。
③有部分菜肴为了造型需要,可先经初步熟处理之后再进行锅烤(焗)。

焗红薯

焗红薯是一款家常菜品,其主原料为红薯。红薯富含各种维生素、膳食纤维、淀粉、钾、钙等多种物质,具有很高的营养价值,不仅可以当主食食用,制作的菜肴的口感也颇佳,因此是人们餐桌上常见的美食。

焗红薯需要选用糖分较高的薯种。红安红薯淀粉含量适中,纤维素及糖分含量高,生食甘甜可口,熟食绵软芳香,是制作焗红薯的优良品种。

焗红薯备料及制作过程如下。

主材料:红薯。

配料:黄油、牛奶、马苏里拉芝士、白糖。

步骤一:初加工
①红薯洗干净,切块放进锅里蒸熟;
②用工具压成红薯泥,趁热加入白糖、牛奶,压成细腻的红薯泥。

步骤二:锅焗
①把红薯泥放入模具中,用勺子整理铺平;
②红薯泥表面撒上厚厚的芝士丝;

③用锡纸包裹模具外部，密封；

④烤箱上下火设置 180 ℃，预热 10 分钟，放入模具烤 10 分钟，表面芝士变得金黄即可。

步骤三：装盘

①取出焗好的红薯模具；

②去除外部包裹的锡纸；

③可用勺子舀着吃。焗好的红薯奶香浓郁，香甜软糯，每一口都拉丝，吃起来超满足。

四、烙法

（一）烙法的概念和特点

烙是指直接将浆糊状或加工成片状的食物原料贴在散热的固形物体表面，加热时不断晃动锅、板或移动烙料使之受热成熟的烹饪方法。烙法是通过铁器直接导热制熟原料的常用方法，通常使用的铁器有锅、烙板、烙钳等。

（二）烙法的分类

烙法根据原料的不同可分为油烙和干烙；根据所用工具不同，可分为锅烙、板烙和钳烙。通常锅烙和板烙的温度较低，锅温不超过 120 ℃，加热时间略长；钳烙则温度较高，在 160～180 ℃，可使食物原料迅速烙成。

（三）烙法的操作要领

烙法有如下操作要领：

①使用烙法时，为防止原料黏结而焦化，可在锅底抹一层油，方便取料。刷油一般要求选用熟的清洁油，如肥膘油。若油质不够清洁，则油内的杂质会影响成品的成熟和外观。

②烙板必须干净，否则不利于菜肴的熟制，影响成品的色泽和美观。

③注意控制火候。金属导热快，火力比较集中，稍不留意就会出现焦煳现象，因此要注意对火候的控制。一般较薄的饼类火力大些，中厚饼类、包馅品种或加糖的品种火力小一些。

④注意勤移动制品的位置。由于火力较集中，因此，锅中间的温度最高，与四周温度不匀，为使烙制品均匀受热，需要经常移动制品位置和移动锅位，并且要注意勤翻动制品，使其两面受热均匀，成熟一致。

郧西马头羊汤石子馍

郧西马头羊汤石子馍是湖北十堰郧西的一道特色名肴。羊汤主要是用当地的特产羊——马头羊烹饪的，这种羊肉肉质细嫩，吃着鲜、香、嫩，膻味小，滋补性强，是郧西名副其实的山珍。用它来做羊汤，汤汁既鲜香又滋补，吃完浑身有劲。再配上石子馍，堪称绝配。

郧西马头羊汤石子馍备料及制作过程如下。

主材料：新鲜马头羊肉、面粉。

配料：白萝卜、黄酒、香菜、蒜苗、姜片、葱段、干尖椒、油辣子、陈皮、食盐、白胡椒粉、鸡精、味精、色拉油、酵母。

步骤一：初加工

①新鲜马头羊肉剁大块焯水待用。

②白萝卜滚刀切块。

③香菜洗净切段，蒜苗洗净切末，装盘待用。

步骤二：烙馍

①将酵母加入面粉中，加水搅拌成絮状。

②发面 1 小时左右。

③面发好后，将其揉成光滑的面团。

④将面团分成适当大小的剂子。

⑤用擀面杖将剂子擀成圆形，放在烙板上烙至两面金黄。

⑥将烙好的石子馍掰成小块，装盘待用。

步骤三：煨制羊汤

①锅加油烧热，入姜片、干尖椒、陈皮、葱段煸香。

②倒入羊肉小火炒干水分，烹入黄酒炒香，加入清水烧开。

③加入萝卜，加盐，倒入大砂锅中旺火烧开。

④盖紧锅盖，改小火煨 3 小时左右，至羊肉酥烂。

步骤四：调味

①加味精、鸡精、白胡椒粉调味。

②转入干净的砂锅，配石子馍、香菜、蒜苗、油辣子上桌。

第七节　其他烹法

其他烹法主要指辐射与气态介质导热制熟的方法。辐射热传递制熟法是指依靠电磁波、远红外线、微波、光能等为热源，通过热辐射、热传导等方式，把热传递给原料，将食物原料制成菜肴的一类方法。常用具体烹调方法有烤、微波等。

气态介质热传递制熟法又称汽烹法，是指通过蒸汽将热以对流的方式传递给原料，将食物原料制成菜肴的一类方法。常用的具体烹调方法有烤、熏、蒸等。

一、烤法

（一）烤法的概念和特点

烤法古称炙，即运用燃烧和远红外烤炉所散射的热辐射能直接对原料加热，使之变性成熟的成菜方法，也常用于对点心的制熟。中国的烤法可以说在世界烹饪中是最复杂的，将烤菜风格表现得淋漓尽致，从整牛整羊到整禽整鱼，再到肉类豆腐，原料无所不包，细到茸、丝，复杂到多料结合，其工艺精细、风味多样、造型美观，将古老而简朴的烤法发挥到了极致。

烤法与泥烤法的区别是，烤法是直火烧烤，热能主要来自柴、煤、炭、电、煤气或红外线等。

（二）烤法的基本种类

1. 明炉烤

明炉烤指用敞口式火炉或火盆对原料烤制的方法。明炉烤一般采用敞口的缸、火炉和火盆，用烤叉将原料叉好，在炉上反复烤制酥透；或者在炉（盆）上置铁架，烤时将原料用铁丝叉叉好，再搁在铁架上反复烤制。明炉烤的特点是设备简单，火候较易掌握，但因火力分散，原料不易烤得匀透，需要较长的烤制时间，烤时要不断地、有规则地调换烤面，使之受热均匀，呈色一致。它对小型薄片原料的烤制，比暗炉烤效果好。明炉烤对辅助工具的运用十分关键，具有较高的技术性，常用方法有叉烤、串烤、网烤和炙烤四种。

2. 暗炉烤

使用可以封闭的烤炉对原料烤制的方法叫作暗炉烤。该烤法需使用封闭的炉子，烤时需要将原料挂在烤钩、烤叉或平放在烤盘内，再放进烤炉。一般烤生料时多用烤钩或烤叉，烤半熟或带卤汁的原料时多用烤盘。暗炉烤具有同温热气对流强烈的特点，可使炉内保持高温，原料的四周均匀受热，容易烤透。烤菜的品种很多，如挂炉烤鸭、烤叉烧香肉等，都宜用暗炉烤制。暗炉烤在固定工具上与明炉烤不同，有特制的挂钩、挂叉、铁钎、模盘等工具，依据其支撑固定工具的不同，又分为挂烤与盘烤两种方法。

暗炉烤最典型的应用是坑烤，即地坑烧烤，就是在地上挖个坑，将食物放入坑内烤熟。据说早在明清时期，东北民间就有类似烹饪手法。烤坑形状多样，有方的、长的、圆的、高的、矮的等。也有用耐火砖和土搭建的烤坑。坑内温度可高达 800 ℃。窑炉也是坑烤的一类。坑烤中最有名的是新疆的馕坑，其制作需要两人分工合作完成，原料是红黏土。并且对温度有讲究，要在天热时才可做，1 年只有 6 个月的工作时间，每逢 4 月底开工，到 10 月底收工。馕坑不但可以烤馕，还可以烤羊、烤牛、烤骆驼等。

坑烤发展到近现代，工艺、口感经过了无数次改良，品种也由单一的烤肉，演变到烤土豆、鸡蛋、玉米、乳鸽、鹌鹑、羊排等。坑烤的操作方法是：将腌制好的羊排、羊腿、鸡翅等穿在铁钩上，挂进烤坑中。烤物不刷一滴油，坑的高温会把食物本身的油脂逼出来。没有明火烤，也不会产生烟熏味。

坑烤不同于其他烤法，它避免了菜品直接接触火炭，最大限度地保证了菜品的卫生，更可以牢牢锁住食材中的水分，让食材中的营养成分不流失。个别食材因属性不同，挂在坑中，可以汲取松木燃尽后的松香味，规避了坑烤食材中味道单一的缺陷。

（三）烤法的操作要领

烤法的操作要领如下：

①烤制时炉内温度在 140～240 ℃ 为宜。

②烤制不易成熟的原料时要先用较高的炉温，当原料表面结壳后，再降低炉温。

③烤制易成熟的原料时，可一直用较高的炉温。

④如原料已上色，就应盖上锡纸再烤。

⑤烤制过程中要不断往原料上刷油或淋烤肉原汁。

楚菜案例

小桃园油酥饼

油酥饼相传起源于唐朝。一天,唐高宗携群臣到大慈恩寺随喜,见到专心译经的玄奘法师,其案台上一边堆叠着高耸的经卷,另一边放置的斋饭早已冷却,并未食用过。唐高宗以为斋饭不合法师口味,便命人为其制作些好吃的食物,补养身体。不料身边的主持指了指斋饭说:"师傅专心译经,往往忘记食用,此斋饭已加热过数次,还未顾得上吃。"唐高宗听后大为感动,回宫后便召集宫中御厨,命他们立即研制出冷热均可食用的斋食,供奉玄奘法师。经过御厨反复的研制,终于用清油制成了名贵的千层油酥饼,其成品特点为色泽金黄、形态美观、香味浓郁、外酥内软,不论热吃冷食都香酥可口。

后来,该美食传入湖北后,味道有所改进,更加适合湖北人的口味,成了湖北的特色小食。

小桃园油酥饼的备料及制作过程如下。

主材料:中筋面粉。

配料:小麻油、猪板油、熟猪油、食盐、小葱、麻油。

小贴士:制作小桃园油酥饼需要注意以下几个方面。①油酥面要搓匀,水调面要揉匀饧透;②水调面与油酥面和在一起时,要反复揉擦3次;③面剂要刷匀油酥;④饼坯入炉烤时要经常翻动,以便受热均匀。

步骤一:初加工

①将猪板油切成细丁,加食盐拌匀待用。

②中筋面粉、猪油和麻油调匀成稀油酥,做抹酥用。

步骤二:和面

①中筋面粉与熟猪油揉成油酥面,另在面粉中注入沸水烫制。

②面团晾凉后,再注入水(春秋季用温热水,夏季用冷水,冬季用热水)和匀揉透。

步骤三:切形

①案板抹麻油,将和好的面揉匀揉光滑,然后搓成大长条按扁。

②再将油酥面搓成小长条,放在大长条面中间,用手掌横着向两边揉擦一遍,而后卷成圆柱继续向两边揉擦,反复3次后卷成筒状,揪成重约125 g的面剂,摔成长条片。

③在面剂上抹匀油酥(油酥不要太干,否则酥皮会破碎),放入猪板油丁、葱花叠拢,卷成螺旋形饼坯待用。

④将饼坯逐个擀成直径约7 cm的圆饼。

步骤四:烤制

①放入抹油的烤盘内,进烤箱烤4～5分钟后逐个翻面。

②再入烤箱烤至表面金黄色,出烤箱后逐个刷上小麻油即成。

二、熏法

(一)熏法的概念和特点

熏是将腌制后的食料,用松柏枝、茶叶、甘蔗秆、竹叶、花生壳、花椒等燃料不充分燃烧

时发出的热烟熏制成菜的烹调方式。熏菜具有烟熏的清香味,色泽美观,食之别有风味。烟中含有酚、甲酚、醋酸、甲醛等物质,它们能渗入食品内部,防止微生物的繁殖,所以烟熏不仅能使食品干燥,而且有防腐作用,有利于食品的保藏。熏菜可进行再次烹饪加工,成菜具有烟香风味。

(二)熏法的种类

烟熏方法可分为敞炉熏与密封熏两种。

①敞炉熏:即在普通火炉的燃料(或在火缸内放几根烧红木炭)上撒一层木屑,木屑上加少许糖,使冒出浓烟,再将原料挂在钩上或用容器盛着在烟上熏制。其操作的要点是:因要避免浓烟分散,应在无风处进行操作,并将食物翻动。

②密封熏:即把糖和木屑等铺在铁锅里,上面搁一个铁丝熏篮,将食物放在篮内加盖,然后将铁锅放在微火上烘,使糖和木屑燃烧冒烟熏制。密封熏的优点是:用料省,时间短,熏得均匀,效果好。

(三)熏法的常用材质

全国各地的熏法所使用的燃料材质各不相同,极具地方特色。

1. 樟木

樟茶鸭就是樟木熏的代表,而且是温熏的代表。其操作方式是先将主料鸭子腌制入味,再挂在架子上悬在半空,下面点上樟木的屑子慢慢焐出烟,熏至色泽泛黄、皮都带着些香味的时候,再进行卤制。

2. 柏木

河北地区很多传统的熏肉店用这种方法比较多,是热熏的代表,使用柏木的刨花来熏制原料,熏制出来的成品会带有柏木树的清香味,并且能很好地驱虫防腐,但是纯柏木熏上色效果不太好,更接近于出锅时的原色,如果想要提香的同时上色,就得使用"糖柏合熏"。

3. 纯糖

糖熏是上色效果最好的一种熏法,其作用一是上色,二是能使食材带上焦糖的熏香,但糖熏也分白糖、绵白糖、冰糖和红糖熏制,其中综合来讲,绵白糖的效果好、成本低,得到了更多烹饪者的青睐。山东地区常用来熏鸡,东北地区常用来熏肥肠。

4. 稻谷

湖南地区常用这种熏法,当地人认为会使用稻谷熏的必是做腊肉的好手。这种熏法也是需要提前腌制上色,然后再半熏半腌两到三天才好,熏料则以稻谷和花生壳为主,熏出的腊肉成品不但色泽红亮,且具有很适口的下饭香气。

5. 茶叶

茶熏的成品通常口感更清爽,且解腻效果奇佳,但茶叶熏产量较低,更适合做精品熏菜,不适合批量熏制。且茶叶的选择是大有讲究的,绿茶和普洱都不适合做熏菜,最适合的品种是花茶,有烹饪者使用茉莉花茶来熏,做出的成品不但色泽诱人,而且还带有淡淡的茉莉花香味,熏菜制品的档次一下子就提升了。

(四)熏制的操作要领

要想熏菜做得好,在操作上有很多的诀窍。想要熏菜上色均匀,且不发苦,需要注意以

下几点:

①要控制好烟熏的火候,根据食材的特点调节时长。火候大了会发苦;时间过长会发苦;直烟会发苦;控水控油不干净熏制时容易着火,也会发苦。所以熏制时要严控控制火候与时间。

②熏制的用具要合理。锅盖要特制加高,使烟上升得更高成为柔烟,并且熏制过程中不能开锅,一旦第一锅的烟被放掉,想要再上烟效果就不好了。

③熏料需要铺放均匀,否则食材较厚的地方烟熏不透,造成上色不均。

④如果不慎操作出现类似焦糖烧过了头的苦涩味,可在快熏完锅边没有烟的时候,舀一勺卤肉的老汤从锅盖缝里浇入热锅壁上,老汤受热蒸发,肉香气就被"焖"进了熏肉中,苦涩的气息就能被遮住。

恩施土家熏猪蹄

熏肉有着悠久的食用历史,最早可以追溯到约1万年前,鱼类是第一种用于熏制的食材。据推测,早期的原始穴居人在风干鱼类时,会将鱼挂起来以避开有害生物。在一次偶然的巧合中,他们发现存放在烟熏处的鱼肉比普通风干的鱼肉保存得更好,且肉质更鲜美,于是这种做法逐渐推广开来。根据相关考古资料记载,新石器时代的人们已经开始有意地熏制鱼肉。

熏肉,是以鱼、肉为原料,经过木材燃烧产生的烟熏制而成的一种食物。烟雾中含有特殊的化学物质,能使富含蛋白质的肉类不易变质,便于在室温下储存,还能为食物增加一些特别的风味。熏肉肥瘦相间,有特殊香气,但由于在熏制过程中会吸收烟中的部分致癌物质,因此不宜多食。

恩施土家熏猪蹄是湖北省恩施地区的特色食材,猪蹄经过精盐的腌制和烟火的熏制,猪肉的腥气荡然无存,并且增添了几分特殊的香味。

恩施土家熏猪蹄备料及制作方法如下。

主材料:熏猪蹄、恩施小土豆。

配料:葱、姜、蒜、干辣椒、食用油、豆瓣酱。

小贴士:①熏菜必须先调味再熏制;②熏菜原料本身颜色较浅,否则熏制完成后颜色加深变黑;③熏菜的原料,在放锅内熏时,不能有水分,否则色泽不匀;④熏制时糖是关键,糖的投放量一定要恰到好处。

步骤一:原料初加工

①将熏好的猪蹄用火烧,烧到表皮发黑。

②将猪蹄放入水中浸泡一段时间后,刮掉外层的黑壳。

③将猪蹄洗净,外观呈金黄色,切块备用。

步骤二:调味

①在锅内放入适量油,加入葱、姜、蒜、干辣椒以及两勺豆瓣酱。

②将配料煸炒出香味和红油。

步骤三:炒制

①倒入处理好的熏猪蹄和配料一起煸炒。

②煸炒出香味后,加入恩施小土豆。

步骤四:炖制

①锅内倒入开水。

②大火煮开。

步骤五:装盘

①待土豆炖熟,即可起锅装盘。

②撒入葱花提香增味。

三、蒸法

(一)蒸法的概念和特点

蒸是烹饪方法的一种,指把经过调味后的食品原料放在器皿中,再置入蒸笼利用蒸汽使其成熟的过程。

蒸,这种工艺在中国的历史源远流长。中国是世界上最早使用蒸汽烹饪的国家,这种烹饪方式贯穿了整个中国农耕文明。蒸的最早起源可以追溯到炎黄时期,我们的祖先从水煮食物的原理中发现了蒸汽可把食物弄熟。就烹饪而言,如果没有蒸法,我们就永远尝不到由蒸变化而来的鲜、香、嫩、滑之滋味。

蒸法是荆楚地区广泛使用的一种烹调方法,不仅鱼能蒸、肉能蒸,鸡、鸭、蔬菜也能蒸,尤其是在仙桃市(原沔阳县)素有"无菜不蒸"之说。荆楚地区蒸菜十分讲究,不同的原料、不同的风味要求不同的蒸法,如新鲜鱼讲究清蒸,取其原汁原味;肥鸡肥肉讲究粉蒸,为了减脂增鲜;油厚味重的原料讲究酱蒸,以解腻增香。荆楚名菜清蒸武昌鱼、沔阳三蒸、梅菜扣肉是这三种蒸法的代表作。

其制作特点是:

①将原料以蒸汽为传热介质加热制熟,不同于其他技法,以油、水、火为传热介质。

②蒸菜原料内外的汁液不像其他加热方式那样大量挥发,鲜味物质保留在菜肴中,营养成分不受破坏,香气不流失。

③不需要翻动即可加热成菜,充分保证了菜肴的形状完整。

④加热过程中水分充足,湿度达到饱和,成熟后的原料质地细嫩,口感软滑。蒸类菜肴的原料,用料广泛,多选用质地老韧的动物性原料、质地细嫩柔或精细加工后的蓉泥原料或涨发后的干制原料等,如鸡、鸭、牛肉、海参、鲍鱼、鱼、虾、蟹、豆腐和各种鱼虾原料、蓉泥等。原料的形状多以整只、厚片、大块、粗条为主。

(二)种类和具体蒸法

蒸法可分为清蒸、粉蒸、扣蒸、包蒸、糟蒸、花色蒸、果盅蒸等。

1. 清蒸

清蒸是指单一原料单一口味(咸鲜味)直接调味蒸制,使成品汤清味鲜质地软嫩的方法。原料必须清洗干净,沥净血水。如清蒸武昌鱼、清蒸鲥鱼。

2. 粉蒸

粉蒸是指加工、腌味的原料上浆后,裹上一层熟玉米粉蒸制成菜的方法。粉蒸的菜肴具有糯软香浓、味醇适口的特点。如荷叶粉蒸肉、粉蒸鳝鱼。

3. 包蒸

包蒸是将原料用不同的调料腌制入味后,用网油、荷叶、竹叶或芭蕉叶等包裹起来,放入器皿中,用蒸汽加热至熟的方法。此法既能保持原料的原汁原味,又可在成品中增加包裹材料的风味。

4. 糟蒸

糟蒸是在蒸菜的调料中加糟卤或糟油使成品有特殊的糟香味的蒸法。糟蒸菜肴的加热时间都不长,否则糟卤就会发酸。

5. 上浆蒸

上浆蒸是将鲜嫩原料用蛋清淀粉上浆后再蒸的方法。上浆可使原料汁液少受损失,同时增加成品的滑嫩感。

6. 果盅蒸

果盅蒸是将水果加工成盅,将原料初加工,放入果盅内,上笼蒸熟的方法。果盅选择多以西瓜、橙子、雪梨、木瓜、桔瓜为主,去掉原料果心。

7. 扣蒸

扣蒸就是将原料经过改刀处理,按一定顺序复入碗中,上笼蒸熟的方法。蒸熟菜肴翻扣装盘,形体饱满,神形生动。

8. 花色蒸

花色蒸又称为酿蒸,是将加工成形的原料装入容器内,入屉上笼,用中小火较短时间加热(根据不同性质的原料作相应调整)成熟后浇淋芡汁成菜的技法。这种技法是利用中小火势和柔缓蒸汽加热,使菜肴不走样、不变形,保持本来美观的造型,是蒸法中最精细的一种。

9. 汽锅蒸

该法以炊具命名,是指将原料放入汽锅中加热成菜的技法。

(三)蒸菜技术要领

蒸菜的技术要领如下:

①汤水少的菜肴放在上面,汤水多的应放在下面,这样拿取比较方便,不易造成烫伤事故。

②色浅的菜肴应放在上面,色深的放在下面,这样放置的目的是上面菜肴的汤汁溢出时,不至于影响下面菜肴的颜色。

③不易熟的菜肴应放在上面,易熟的放在下面。因为热气向上,上层蒸汽的热量高于下层。

④一定要在锅内水沸后再将原料入锅蒸。

⑤上火加温的时间一般比规定时间少2~3分钟,停火后不马上出锅,利用余温虚蒸一会。

 楚菜案例

粉蒸长江鮰

粉蒸长江鮰
制作

"不吃鮰鱼,不知鱼味。"武汉人食鮰鱼可谓早矣,清朝道光年间,人们就已经把能吃上一餐鮰鱼看作是难得的享受了。清人叶调元在《汉口竹枝词》里说"鱼暇日日出江新,鳊鳜鮰班味绝伦。独有鳗鲡人不吃,佳肴让与下江人",即是证明。

特级厨师孙昌弼,师从第三代"鮰鱼大王"汪显山,他在保留红烧鮰鱼传统名菜的基础上,相继推出汆鱼、粉蒸鮰鱼、网油鮰鱼等多款鮰鱼新菜,使独具荆楚风味的鱼菜系跻身于国内名菜之林。

粉蒸长江鮰备料及制作过程如下。

主材料:鮰鱼、糙米。

配料:姜、葱、盐、料酒、味精。

小贴士:这样操作能保证蒸鮰鱼不腥:

①放尽血,清蒸活鱼。杀鱼时必须先用刀身猛击鱼头,使其晕厥,并从鱼鳃处放血,使鱼肉中的毛细血管不会吃进鱼血。这样蒸出的鱼肉洁白如玉,毫无腥味;反之,不仅鱼肉暗淡,而且腥味很重。

②热水泡活鱼。剖杀、洗净、蒸制前,需将鱼用 80 ℃ 热水稍泡一下,这样不仅可去腥,而且蒸成的鱼胸腹处不破裂,保持形态的完整。

③晚调味。调味料必须在临蒸制时投放。过早腌制,由于盐有渗透和凝聚蛋白质的作用,会使鱼肉失水而影响细嫩度。

④旺火蒸。蒸鱼必须用旺火沸水速成,并保证一次成熟,未熟翻蒸会使鱼肉变老失味。

步骤一:原料初加工

①鮰鱼放血,用热水烫一下鱼身,刮掉鱼身上的"白衣服"。

②用钢丝球擦洗鱼身,去掉"黑色外衣",剪掉鱼鳍。

③去掉内脏,洗净后改刀成块。

步骤二:加工糙米

①将糙米加水浸泡 2 小时。

②碾糙米:泡好的糙米放在砧板上,用擀面杖碾碎成末。

步骤三:腌制

①腌制鱼肉。在鱼块中加入姜、葱结、料酒,倒入一些水搅拌均匀,腌制一下。

②再次腌制。葱姜捞出,加入盐、味精搅拌均匀,倒入葱姜水再次拌匀,反复加三次葱姜水。

步骤四:蘸粉末

将糙米粉末均匀撒在盘中,拿起鱼块在粉末上滚动,使其均匀蘸上粉末,然后放入蒸笼中。

步骤五:蒸制装盘

①蒸鮰鱼。将蒸笼放入蒸箱中,中火蒸。

②蒸制 20 分钟后,出笼装盘。

参 考 文 献

[1] 史万震,陈苏华.烹饪工艺学.上海:复旦大学出版社,2015.

[2] 陈苏华.中国烹饪工艺学.上海:上海文化出版社,2006.

[3] 杨国堂.中国烹调工艺学.上海:上海交通大学出版社,2008.

[4] 湖北省商务厅,湖北经济学院.中国楚菜大典.武汉:湖北科学技术出版社,2019.

[5] 李自力,谢维光.中国烹饪基本功训练教程.上海:上海交通大学出版社,2013.

[6] 《家庭烹饪百科》编委会.家庭烹饪百科.长春:吉林科学技术出版社,2010.

[7] 周晓燕.烹调工艺学.北京:中国轻工业出版社,2000.

[8] 王茂山,朱海涛.中餐热菜烹饪调味料.北京:化学工业出版社,2011.

[9] 丁洁.味觉里的中国.北京:北京工业大学出版社,2013.

[10] 冯玉珠.烹调工艺学.北京:中国轻工业出版社,2014.

[11] 天津轻工业学院,无锡轻工业学院.食品工艺学上.北京:中国轻工业出版社,1984.

[12] 李长茂,任京华.中餐烹调技术与工艺.北京:中国商业出版社,2006.

[13] 李康.小窍门烹出美味.南昌:江西高校出版社,2006.

[14] 姜灵芝.烹饪基本技能.北京:经济科学出版社,2008.

[15] 邵建华.中式烹调师实用手册.北京:机械工业出版社,2004.

[16] 刘建学,纵伟.食品保藏原理.南京:东南大学出版社,2006.

[17] 单守庆.烹饪刀工(修订版).北京:中国商业出版社,2014.

更多菜品制作视频
请扫码观看